학기별 계산력 강화 프로그램

바쁜 5학년을 위한

빠른 교과서 연산

수학 전문학원의 **연산 꿀팁**으로 계산이 빨라져요!

학교 진도 맞춤 연산 **5-2학기**

이지스에듀

저자 소개

징검다리 교육연구소 적은 시간을 투입해도 오래 기억에 남는 학습의 과학을 생각하는 이지스에듀의 공부 연구소입니다. 아이들이 기계적으로 공부하지 않도록, 두뇌가 활성화되는 과학적 학습 설계가 적용된 책을 만듭니다.

최순미 선생님은 징검다리 교육연구소의 대표 저자입니다. 이지스에듀에서 《바쁜 5·6학년을 위한 빠른 연산법》과 《바쁜 3·4학년을 위한 빠른 연산법》, 《바쁜 1·2학년을 위한 빠른 연산법》 시리즈를 집필, 새로운 교육과정에 걸맞은 연산 교재로 새 바람을 불러일으켰습니다. 지난 20여 년 동안 EBS, 디딤돌 등과 함께 100여 종이 넘는 교재 개발에 참여해 왔으며 《EBS 초등 기본서 만점왕》, 《EBS 만점왕 평가문제집》 등의 참고서 외에도 《눈높이수학》 등 수십 종의 교재 개발에 참여해 온, 초등 수학 전문 개발자입니다.

바빠 교과서 연산 시리즈 ⑩

바쁜 5학년을 위한
빠른 교과서 연산 5-2학기

초판 발행 2019년 7월 30일
초판 10쇄 2024년 9월 15일
지은이 징검다리 교육연구소, 최순미
발행인 이지연
펴낸곳 이지스퍼블리싱(주)
출판사 등록번호 제313-2010-123호
주소 서울시 마포구 잔다리로 109 이지스 빌딩 5층(우편번호 04003)
대표전화 02-325-1722   팩스 02-326-1723
이지스퍼블리싱 홈페이지 www.easyspub.com   이지스에듀 카페 www.easysedu.co.kr
바빠 아지트 블로그 blog.naver.com/easyspub   인스타그램 @easys_edu
페이스북 www.facebook.com/easyspub2014   이메일 service@easyspub.co.kr

기획 및 책임 편집 박지연, 조은미, 정지연, 김현주, 이지혜 교정 박현진, 나선경 문제풀이 이홍주 감수 한정우
일러스트 김학수 표지 및 내지 디자인 이유경, 정우영 전산편집 아이에스 인쇄 보광문화사
영업 및 문의 이주동, 김요한(support@easyspub.co.kr) 마케팅 라혜주 독자 지원 박애림, 김수경

이 책의 전자책 판도 온라인 서점에서 구매할 수 있습니다.
교사나 부모님들이 스마트폰이나 패드로 보시면 유용합니다.

ISBN 979-11-6303-099-7 64410
ISBN 979-11-6303-032-4(세트)
가격 9,000원

• **이지스에듀**는 이지스퍼블리싱의 교육 브랜드입니다.
  (이지스에듀는 학생들을 탈락시키지 않고 모두 목적지까지 데려가는 책을 만듭니다!)

덜 공부해도 더 빨라지네? 왜 그럴까?

☆ **이번 학기에 필요한 연산을 한 권에 담은 두 번째 수학 익힘책!**

'바빠 교과서 연산'은 이번 학기에 필요한 연산만 모아 똑똑한 방식으로 훈련하는 '학교 진도 맞춤 연산 책'입니다. 실제 요즘 학교에서 배우는 방식으로 설명하고, 작은 발걸음 방식으로 차근차근 문제를 풀도록 배치했습니다. 교과서 부교재처럼 이 책을 푼 후, 학교에 가면 반복 학습 효과가 높을 뿐 아니라 수학에 자신감도 생깁니다.

☆☆ **친구들이 자주 틀린 연산 집중 훈련으로 똑똑하게 완성!**

공부는 양보다 질이 더 중요합니다. 쉬운 연산을 반복해서 풀기보다는 내가 약한 연산을 강화해야 실력이 쌓입니다. 그래서 이 책은 연산의 기본기를 다진 다음 친구들이 자주 틀리는 연산만 따로 모아 집중 훈련합니다. 또래 친구들이 자주 틀린 문제를 나도 틀릴 확률이 높기 때문이지요.

또 '내가 틀린 문제'를 따로 적어 한 번 더 복습합니다. 이렇게 훈련하면 적은 시간을 공부해도 연산 실수를 확실히 줄일 수 있습니다. 5분을 풀어도 15분 푼 것과 같은 효과를 누릴 수 있는 거죠!

친구들이 자주 틀린 연산을 연습하니 더 빨라!

☆☆☆ **수학 전문학원들의 연산 꿀팁이 담겨 적은 분량을 공부해도 효과적!**

기존의 연산 책들은 계산 속도가 빨라지는 비법을 알려주는 대신 무지막지한 양을 풀게 해 아이들이 연산에 질리는 경우가 많았습니다. 바빠 교과서 연산은 수학 전문학원 원장님들의 노하우가 담긴 연산 꿀팁을 곳곳에 담아, 적은 분량을 훈련해도 계산이 더 빨라집니다!

☆☆☆☆ **목표 시계는 압박하지 않으면서 집중하게 도와 줘요!**

각 쪽마다 목표 시간이 적힌 시계가 있습니다. 이 시계는 속도를 독촉하기 위한 게 아니에요. 제시된 목표 시간은 딴짓하지 않고 풀면 보통의 5학년이 풀 수 있는 시간입니다. 시간 안에 풀었다면 웃는 얼굴 ☺에, 못 풀었다면 찡그린 얼굴 😣에 색칠하세요.

이 책을 끝까지 푼 후, 찡그린 얼굴에 색칠한 쪽만 복습한다면 정말 효과 높은 나만의 맞춤 연산 강화 훈련이 될 거예요.

1. 연산도 학기 진도에 맞추면 효율적! — 학교 진도에 맞춘 학기별 연산 훈련서

'바빠 교과서 연산'은 최근 개정된 초등 수학 교과서의 단원을 제시한 연산 책입니다! 이번 학기 수학 교육과정이 요구하는 연산을 한 권에 모아 훈련할 수 있습니다.

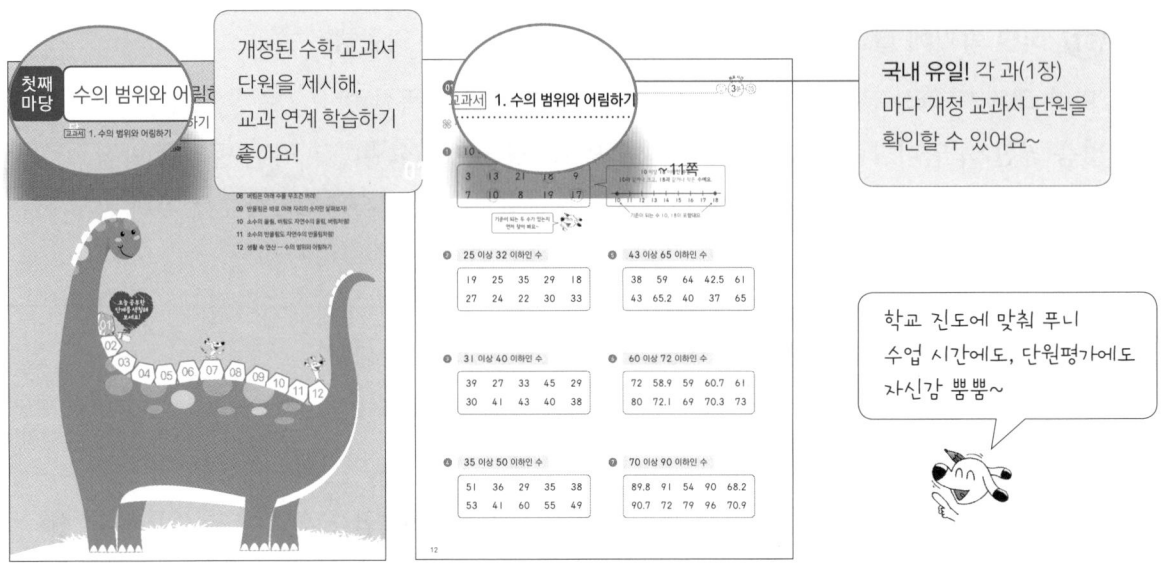

2. '앗 실수'와 '내가 틀린 문제'로 시간을 낭비하지 않는 똑똑한 훈련법!

'앗! 실수' 코너로 친구들이 자주 틀리는 연산을 한 번 더 훈련하고 '내가 틀린 문제'도 직접 쓰고 복습합니다. 약한 연산에 집중하는 것이 바로 시간을 허비하지 않는 비법입니다.

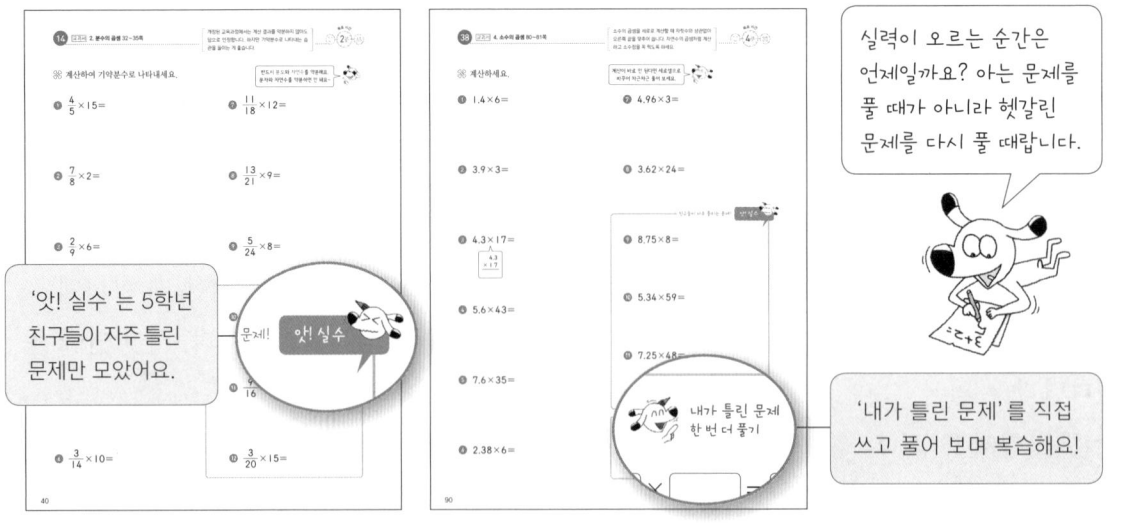

3. 수학 전문학원의 연산 꿀팁과 목표 시계로 학습 효과를 2배 더 높였다!

이 책에는 수학 전문학원 원장님들의 노하우가 담긴 연산 꿀팁이 가득 담겨 있습니다. 또 5학년이 충분히 풀 수 있는 목표 시간을 제시하여 집중하는 재미와 성취감까지 동시에 느낄 수 있습니다.

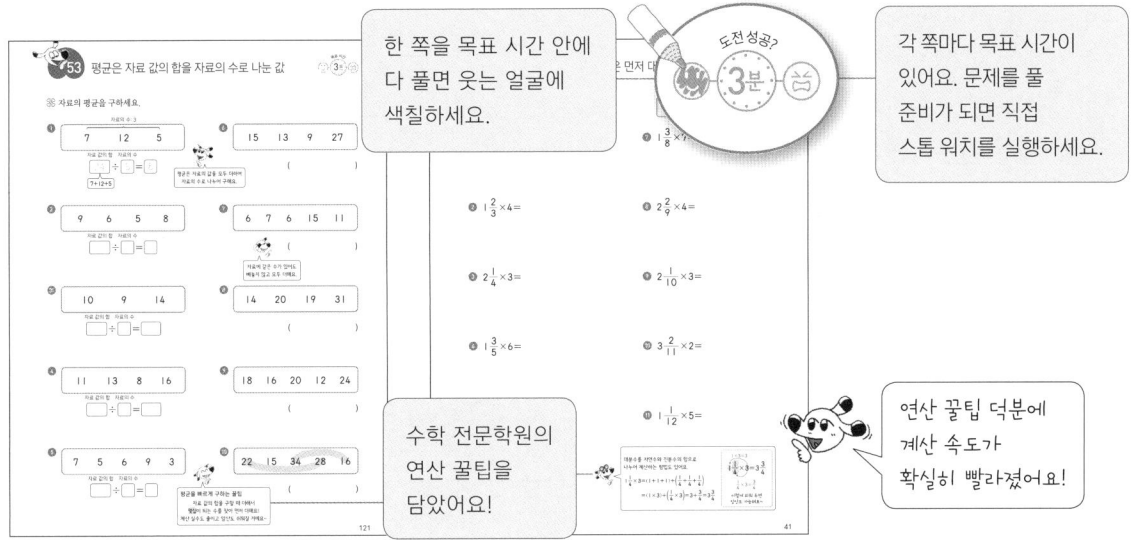

4. 보너스! 기초 문장제로 확인하고 다양한 활동으로 수 응용력까지 키운다!

2019년부터 시험의 절반 이상을 서술형으로 바꾸도록 권장하는 등 점점 '서술형'의 비중이 높아집니다. 따라서 연산 훈련도 문장제까지 이어 주면 효과적입니다. 각 마당의 공부가 끝나면 '생활 속 문장제'와 '맛있는 연산 활동'으로 수 감각과 응용력을 키우며 마무리합니다.

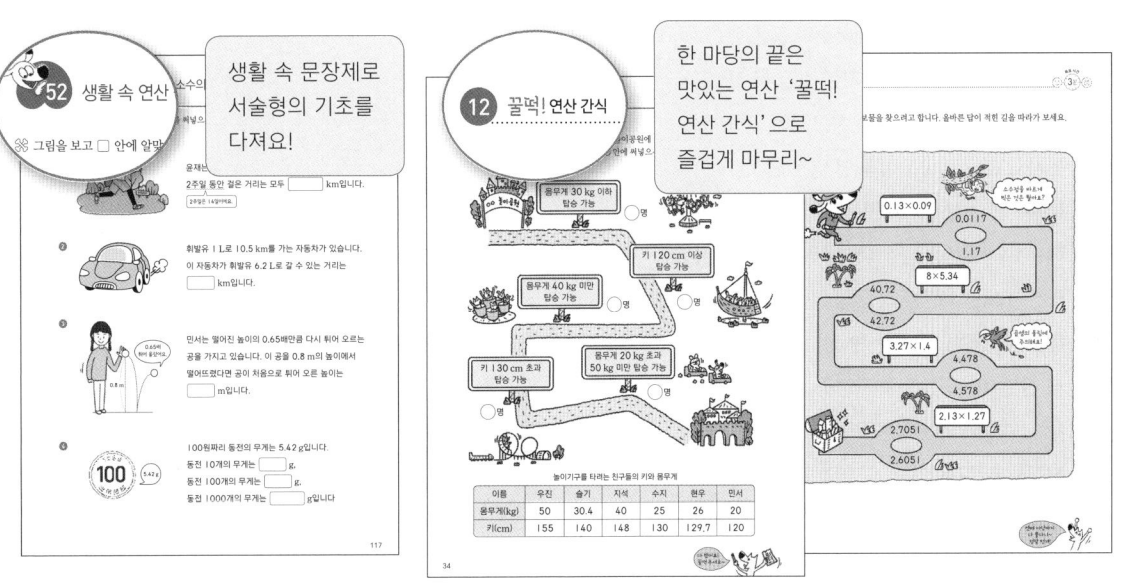

목 차

바쁜 5학년을 위한 빠른 교과서 연산 5-2

연산 훈련이 필요한 학교 진도 확인하기

교과서 **1. 수의 범위와 어림하기**

- 이상과 이하
- 초과와 미만
- 올림, 버림, 반올림

지도 길잡이 5학년 2학기 첫 단원에서는 수의 범위와 어림하기를 배웁니다. 키와 몸무게를 이상, 이하, 초과, 미만을 이용하여 함께 이야기해 보세요. 올림, 버림은 구하려는 자리 아래 수를 모두 보지만, 반올림은 구하려는 자리 바로 아래의 숫자만 살펴봐야 합니다. 아이들이 가장 헷갈려하는 부분이니 반드시 정확히 알고 넘어가도록 지도해 주세요.

교과서 **2. 분수의 곱셈**

- (분수)×(자연수)
- (자연수)×(분수)
- 진분수의 곱셈
- 여러 가지 분수의 곱셈

지도 길잡이 곱하기 전에 약분을 먼저 하면 수가 간단해져서 계산이 쉬워집니다. 분수의 곱셈 비결은 약분으로 수를 가장 간단하게 만들어 곱하는 것임을 알려주세요. 분수의 곱셈에서 가장 많이 하는 실수는 대분수 상태에서 곱하거나 약분을 하는 경우입니다. 대분수는 반드시 가분수로 바꾸어 곱하도록 지도해 주세요.

교과서 4. 소수의 곱셈

- (1보다 작은 소수)×(자연수)
- (1보다 큰 소수)×(자연수)
- (자연수)×(1보다 작은 소수)
- (자연수)×(1보다 큰 소수)
- (1보다 작은 소수)×(1보다 작은 소수)
- (1보다 큰 소수)×(1보다 큰 소수)
- 곱의 소수점 위치

지도 길잡이 소수의 곱셈은 자연수의 곱셈과 계산 방법이 같아서 그다지 어렵지 않지만 답에 소수점을 찍지 않는 실수가 잦습니다. 계산한 다음 소수점을 꼭 찍도록 지도해 주세요.
소수의 덧셈과 뺄셈을 소수점끼리 맞추어 썼다면 소수의 곱셈은 오른쪽 끝자리에 맞추어 써야 합니다. 가로셈은 암산보다 세로셈으로 바꾸어 푸는 습관을 들여 주세요.

교과서 6. 평균과 가능성

- 평균 구하기
- 평균 이용하기

지도 길잡이 평균은 자료를 대표하는 값으로 자료를 모두 더해 자료의 수로 나누어 구합니다.
(평균)=(자료 값의 합)÷(자료의 수),
(자료 값의 합)=(평균)×(자료의 수)는 꼭 외우게 해주세요. 바로 떠오르게 연습해야 시간을 단축할 수 있습니다.

바쁜 6학년을 위한 빠른 교과서 연산 6-1 목차		연산 훈련이 필요한 학교 진도 확인하기
첫째 마당	분수의 나눗셈	1. 분수의 나눗셈
둘째 마당	소수의 나눗셈	3. 소수의 나눗셈
셋째 마당	비와 비율	4. 비와 비율
넷째 마당	직육면체의 부피와 겉넓이	6. 직육면체의 부피와 겉넓이

☆ 나만의 공부 계획을 세워 보자

나는?

- ☑ 저는 수학 문제집만 보면 졸려요.
- ☑ 예습하는 거예요.
- ☑ 초등 5학년이지만 수학 문제집을 처음 풀어요.

하루 한 장 60일 완성!

1일차	1과
2일차	2과
3~57일차	하루에 한 과 (1장)씩 공부!
58~60일차	틀린 문제 복습

나는?

- ☑ 자꾸 연산 실수를 해서 속상해요.
- ☑ 지금 5학년 2학기예요.
- ☑ 초등 5학년으로, 수학 실력이 보통이에요.

하루 두 장 30일 완성!

1일차	1, 2과
2일차	3, 4과
3~28일차	하루에 두 과 (2장)씩 공부!
29, 30일차	57과, 틀린 문제 복습

나는?

- ☑ 저는 더 빨리 풀고 싶어요.
- ☑ 수학을 잘하지만 실수를 줄이고 싶어요.
- ☑ 복습하는 거예요.

하루 세 장 20일 완성!

1일차	1~3과
2일차	4~6과
3~19일차	하루에 세 과 (3장)씩 공부!
20일차	틀린 문제 복습

▶ 이 책을 지도하는 학부모님께!

1. 하루 딱 10분,
연산 공부 환경을 만들어 주세요.

2. 목표 시간은
속도를 재촉하기 위한 것이 아니라 공부 집중력을 위한 장치입니다.

목표 시간

3분

아이가 공부할 때 부모님도 스마트폰이나 TV를 꺼 주세요. 한 장에 10분 내외면 충분해요. 이 시간만큼은 부모님도 책을 읽거나 연산 책을 같이 푸는 모습을 보여 주세요! 그러면 아이는 자연스럽게 집중하여 공부하게 됩니다.

책 속에 제시된 목표 시간은 속도 측정용이 아니라 정확하게 풀 수 있는 넉넉한 시간입니다. 그러므로 복습용으로 푼다면 목표 시간보다 빨리 푸는 게 좋습니다.

♥ 그리고 공부를 마치면 꼭 칭찬해 주세요! ♥

첫째
마당

수의 범위와 어림하기

교과서 1. 수의 범위와 어림하기

오늘 공부한
단계를 색칠해
보세요!

01
02
03
04 05 06 07 08 09 10 11 12

🔦 바빠 개념 쏙쏙!

⭐ 이상, 이하, 초과, 미만

- 10 이상인 수: 10과 같거나 큰 수

  예 10, 11, 12, 12.6, 15.4……

이상과 이하는 기준이 되는 수가 포함돼요.

└ ●은 10이 포함된다는 뜻이에요.

- 10 이하인 수: 10과 같거나 작은 수

  예 10, 9, 8.2, 8, 7.5……

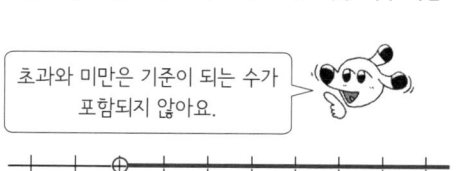

- 10 초과인 수: 10보다 큰 수

  예 10.3, 11, 12, 12.6, 13……

초과와 미만은 기준이 되는 수가 포함되지 않아요.

└ ○은 10이 포함되지 않는다는 뜻이에요.

- 10 미만인 수: 10보다 작은 수

  예 9.7, 9, 8.2, 8, 7……

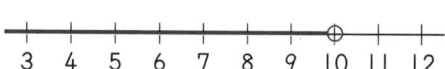

⭐ 올림, 버림, 반올림

- 올림: 구하려는 자리 아래 수를 올려서 나타내는 방법
- 버림: 구하려는 자리 아래 수를 버려서 나타내는 방법
- 반올림: 구하려는 자리 바로 아래 자리의 숫자가

  0, 1, 2, 3, 4이면 버리고, 5, 6, 7, 8, 9이면 올려서 나타내는 방법

예 362를 올림, 버림, 반올림하여 백의 자리까지 나타내기

백의 자리 아래 수인 62를 보고 올려요!

백의 자리 아래 수인 62를 보고 버려요!

백의 자리 바로 아래 '숫자'인 나만 봐요! 5보다 크니까 올려요~

올림 　　버림 　　반올림

01 이상은 같거나 큰 수, 이하는 같거나 작은 수

목표시간 2분

❀ 수의 범위에 알맞은 수를 모두 찾아 ◯표 하세요.

1 12 이상인 수 — 12와 같거나 큰 수예요.

| 4 | ⑫ | 8 | 3 | ⑮ |

기준이 되는 수 12에 먼저 ◯표 해 봐요.

2 20 이상인 수

| 18 | 20 | 17 | 22 | 30 |

3 14 이하인 수 — 14와 같거나 작은 수예요.

| 19 | 13 | 15 | 14 | 9 |

4 26 이하인 수

| 28 | 22 | 31 | 24 | 26 |

5 30 이상인 수

| 26 | 29.5 | 33 | 19 | 30 |

6 38 이하인 수

| 34 | 40 | 38.2 | 42 | 38 |

7 40 이상인 수

| 37 | 40 | 41 | 39.8 | 50 |

8 45 이하인 수

| 43 | 54 | 36 | 44.9 | 51 |

9 59 이상인 수

| 57 | 58.9 | 59.3 | 62 | 70 |

10 71 이하인 수

| 72 | 70.6 | 68 | 71.4 | 69 |

✂ 수의 범위에 알맞은 수를 모두 찾아 ○표 하세요.

❶ 10 이상 18 이하인 수

3	⑬	21	⑱	9
7	⑩	8	19	⑰

10 이상 18 이하인 수는
10과 같거나 크고, 18과 같거나 작은 수예요.

10 11 12 13 14 15 16 17 18

기준이 되는 수 10, 18이 포함돼요.

기준이 되는 두 수가 있는지
먼저 찾아 봐요~

❷ 25 이상 32 이하인 수

19	25	35	29	18
27	24	22	30	33

❺ 43 이상 65 이하인 수

38	59	64	42.5	61
43	65.2	40	37	65

❸ 31 이상 40 이하인 수

39	27	33	45	29
30	41	43	40	38

❻ 60 이상 72 이하인 수

72	58.9	59	60.7	61
80	72.1	69	70.3	73

❹ 35 이상 50 이하인 수

51	36	29	35	38
53	41	60	55	49

❼ 70 이상 90 이하인 수

89.8	91	54	90	68.2
90.7	72	79	96	70.9

02 이상과 이하인 수 수직선에 나타내기

🦴 수의 범위를 수직선에 나타내어 보세요.

① **8 이상인 수**

선을 13에서 멈추지 않고 수직선 끝까지 그어야 해요.

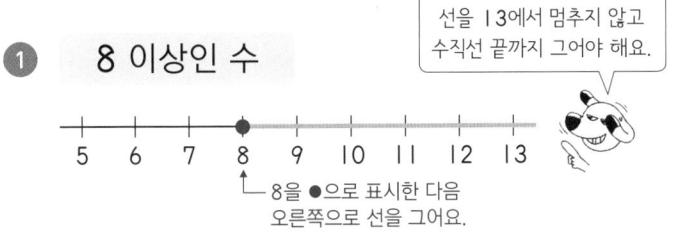

8을 ●으로 표시한 다음 오른쪽으로 선을 그어요.

이상과 이하처럼 수가 포함되면 속이 찬 점(●)을 그려 넣어요.

② **11 이하인 수**

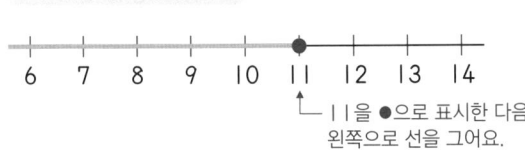

11을 ●으로 표시한 다음 왼쪽으로 선을 그어요.

⑦ **7 이상 10 이하인 수**

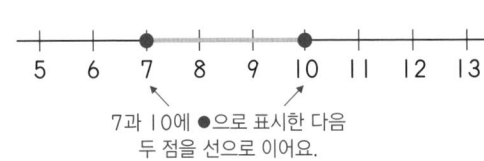

7과 10에 ●으로 표시한 다음 두 점을 선으로 이어요.

③ **13 이상인 수**

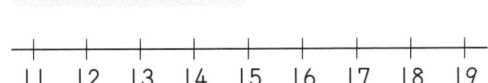

⑧ **14 이상 18 이하인 수**

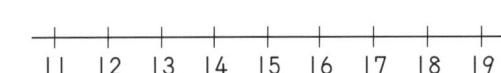

④ **16 이하인 수**

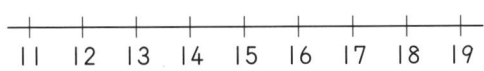

⑨ **21 이상 27 이하인 수**

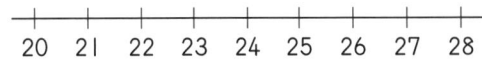

⑤ **24 이상인 수**

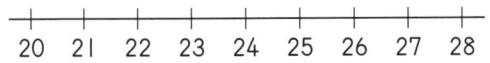

⑩ **37 이상 41 이하인 수**

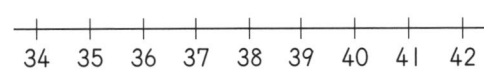

⑥ **26 이하인 수**

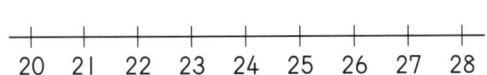

⑪ **49 이상 55 이하인 수**

✂ 수직선에 나타낸 수의 범위를 쓰세요.

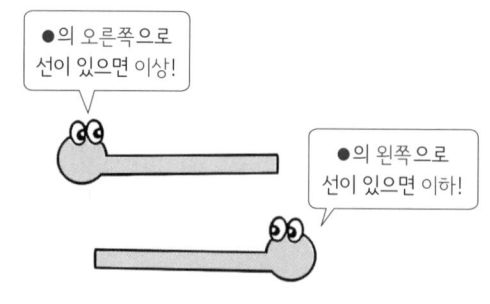
●의 오른쪽으로 선이 있으면 이상!

●의 왼쪽으로 선이 있으면 이하!

1

➡ ⬜9 이상인 수

●으로 표시한 수가 기준이 되는 수예요.

2

➡ ⬜ 이하인 수

3

➡ 12 ⬜이상 인 수

4

➡ 24 ⬜ 인 수

5

➡ ⬜ 이상 ⬜ 이하인 수

6

➡ 38 ⬜ 41 ⬜ 인 수

7

➡ (45 이상 49 이하인 수)

8

➡ ( )

9

➡ ( )

10

➡ ( )

11

➡ ( )

03 초과는 큰 수, 미만은 작은 수

목표 시간
2분

✿ 수의 범위에 알맞은 수를 모두 찾아 ○표 하세요.

① 12 초과인 수 ← 12보다 큰 수예요.

| 9 | 12 | 13 | 8 | 16 |

12 초과인 수에는 12가 포함되지 않아요!

② 20 초과인 수

| 23 | 20 | 17 | 21 | 19 |

③ 30 미만인 수 ← 30보다 작은 수예요.

| 27 | 32 | 30 | 29 | 40 |

④ 40 미만인 수

| 44 | 30 | 40 | 38 | 51 |

⑤ 50 초과인 수

| 51 | 50 | 48.9 | 47 | 55 |

⑥ 38 미만인 수

| 42 | 37.8 | 39 | 35 | 38 |

⑦ 61 초과인 수

| 63 | 60 | 58 | 61.3 | 70 |

⑧ 55 미만인 수

| 54 | 64 | 49 | 54.2 | 61 |

⑨ 73 초과인 수

| 73 | 78 | 73.4 | 81 | 72.9 |

⑩ 88 미만인 수

| 79 | 88.2 | 88 | 87.6 | 82 |

수의 범위에 알맞은 수를 모두 찾아 ○표 하세요.

❶ 5 초과 13 미만인 수

5	10	7	12	14
15	8	20	4	16

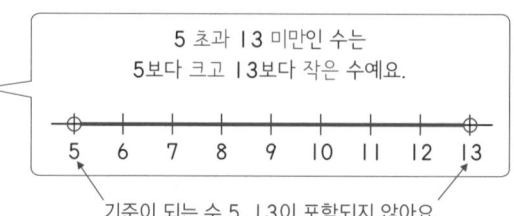

5 초과 13 미만인 수는
5보다 크고 13보다 작은 수예요.

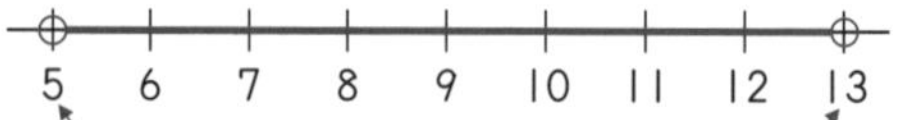
5
6
7
8
9
10
11
12
13

기준이 되는 수 5, 13이 포함되지 않아요.

기준이 되는 두 수는
제외하고 생각해요.

❷ 16 초과 30 미만인 수

18	16	32	11	22
35	29	19	30	14

❸ 32 초과 40 미만인 수

35	20	32	37	43
39	27	48	33	40

❹ 43 초과 65 미만인 수

28	66	58	65	47
43	62	69	39	51

❺ 50 초과 70 미만인 수

77	50.4	66	56	72
68	73	81	70.1	49

❻ 60 초과 80 미만인 수

73	58	60	91.2	88
80	74.5	69	60.7	81

❼ 80 초과 100 미만인 수

81.3	68	102	89	76.3
90.4	69	97	100	99.9

목표 시간 😊 2분 😣

수의 범위를 수직선에 나타내어 보세요.

① 9 초과인 수

선을 14에서 멈추지 않고 수직선 끝까지 그어야 해요.

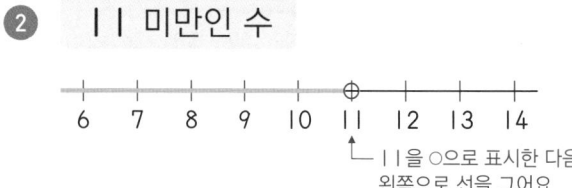

6 7 8 9 10 11 12 13 14

9를 ○으로 표시한 다음 오른쪽으로 선을 그어요.

초과와 미만처럼 수가 포함되지 않으면 속이 빈 점(○)을 그려 넣어요.

② 11 미만인 수

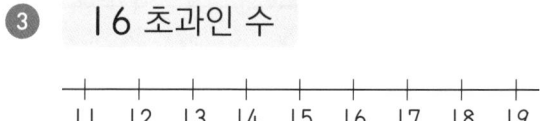

6 7 8 9 10 11 12 13 14

11을 ○으로 표시한 다음 왼쪽으로 선을 그어요.

⑦ 8 초과 12 미만인 수

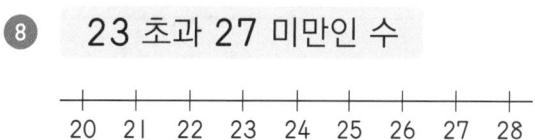

6 7 8 9 10 11 12 13 14

8과 12를 ○으로 표시한 다음 두 점을 선으로 이어요.

③ 16 초과인 수

11 12 13 14 15 16 17 18 19

⑧ 23 초과 27 미만인 수

20 21 22 23 24 25 26 27 28

④ 14 미만인 수

11 12 13 14 15 16 17 18 19

⑨ 35 초과 40 미만인 수

34 35 36 37 38 39 40 41 42

⑤ 24 초과인 수

20 21 22 23 24 25 26 27 28

⑩ 49 초과 52 미만인 수

47 48 49 50 51 52 53 54 55

⑥ 26 미만인 수

20 21 22 23 24 25 26 27 28

⑪ 63 초과 67 미만인 수

60 61 62 63 64 65 66 67 68

✿ 수직선에 나타낸 수의 범위를 쓰세요.

①

➡ ⎣ 7 ⎦ 초과인 수

②

➡ ☐ 미만인 수

⑦
➡ (49 초과 54 미만인 수)

③
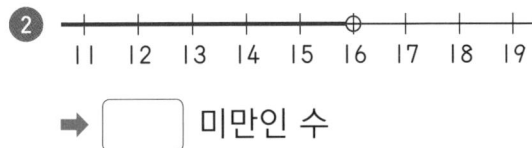

➡ 21 ⎣초과⎦인 수

⑧

➡ ( )

④

➡ 40 ☐ 인 수

⑨
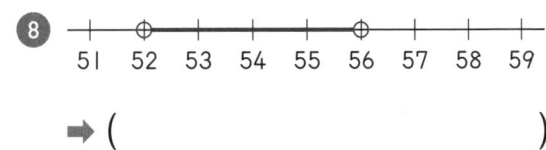

➡ ( )

⑤
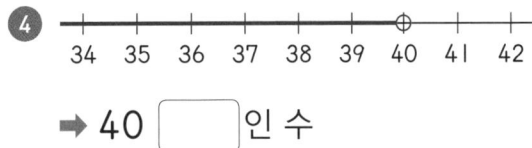

➡ ☐ 초과 ☐ 미만인 수

⑩
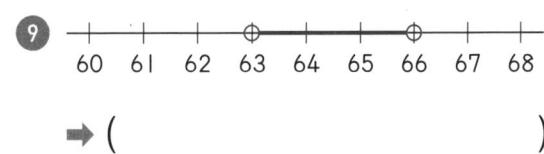

➡ ( )

⑥
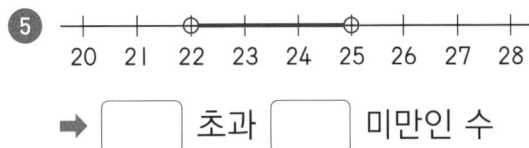

➡ 35 ☐ 39 ☐ 인 수

⑪
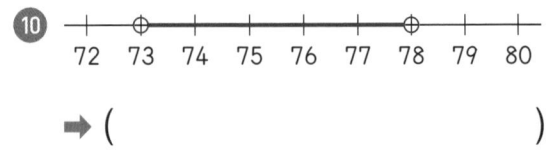

➡ ( )

18

 **05** 이상, 이하, 초과, 미만

✺ 수의 범위에 알맞은 수를 모두 찾아 ○표 하세요.

> 기준이 되는 수는 이상, 이하에는 포함되지만 초과, 미만에는 포함되지 않아요.

① 9 이상 16 미만인 수

18	7	26	13	8
16	15	20	9	14

② 20 이상 30 미만인 수

12	31	20	21	18
25	14	19	22	30

③ 28 초과 46 이하인 수

42	50	46	25	33
21	28	45	47	35

④ 40 초과 50 이하인 수

38	49	41	40	56
43	52	45	51	47

⑤ 15 이상 25 미만인 수

30	20	15.3	26	22
15	18	25.6	13	25

⑥ 34 초과 47 이하인 수

45	34	51	42	46.8
38	33	40	48	34.9

⑦ 48 이상 61 미만인 수

71	49.2	51	39.9	66
48	74.3	52	65.8	59

⑧ 70 초과 90 이하인 수

69.9	79	67	84	90.2
89.3	77	91	69	70.6

✿ 수의 범위에 포함되는 자연수를 모두 쓰세요.

1 1 이상 5 이하인 수

➡ ___1,___

2 1 이상 5 미만인 수

➡ _____

3 1 초과 5 이하인 수

➡ _____

4 1 초과 5 미만인 수

➡ _____

5 6 이상 8 이하인 수

➡ _____

6 13 이상 17 미만인 수

➡ _____

7 19 초과 22 이하인 수

➡ _____

8 20 초과 26 미만인 수

➡ _____

9 34 이상 38 미만인 수

➡ _____

10 40 초과 44 이하인 수

➡ _____

11 45 이상 49 이하인 수

➡ _____

12 57 초과 63 미만인 수

➡ _____

06 이상, 이하, 초과, 미만인 수 수직선에 나타내기

✳️ 수의 범위를 수직선에 나타내어 보세요.

> 이상과 이하는 기준이 되는 수를 ●로,
> 미만과 초과는 기준이 되는 수를 ○ 나타내요.

① 8 이상 12 미만인 수

> 기준이 되는 수에 알맞은 점을 표시한 다음
> 두 점을 선으로 이으면 돼요~

② 10 이상 13 미만인 수

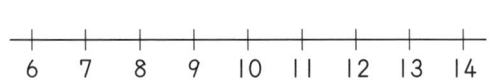

③ 12 이상 16 미만인 수

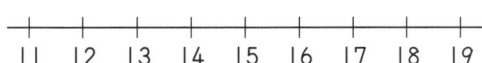

④ 14 초과 18 이하인 수

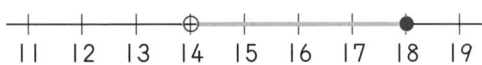

⑤ 25 초과 29 이하인 수

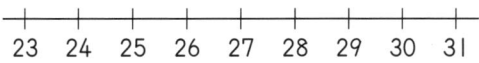

⑥ 28 초과 30 이하인 수

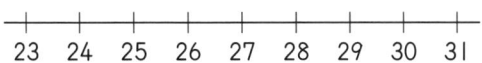

⑦ 35 이상 38 미만인 수

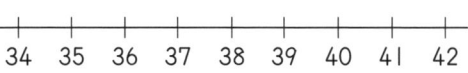

⑧ 37 초과 41 이하인 수

⑨ 46 이상 52 미만인 수

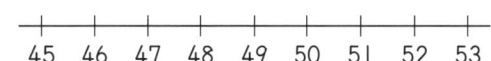

⑩ 61 초과 68 이하인 수

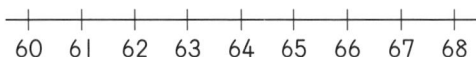

⑪ 73 이상 77 미만인 수

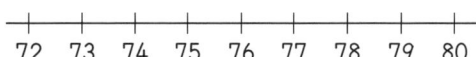

⑫ 86 초과 89 이하인 수

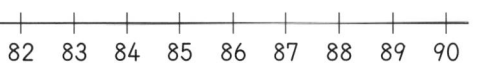

❀ 수직선에 나타낸 수의 범위를 쓰세요.

1

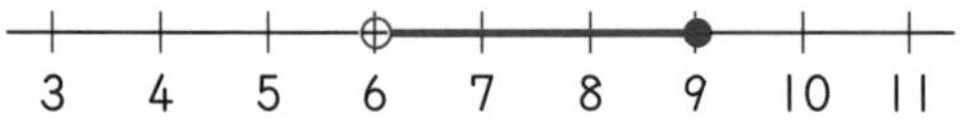

3 4 5 6 7 8 9 10 11

➡ 6 초과 9 이하인 수

2

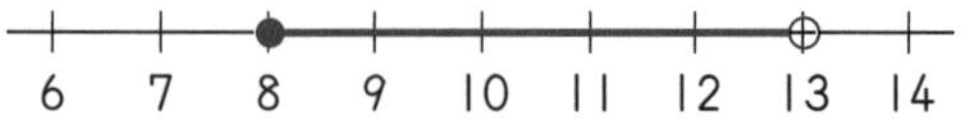

6 7 8 9 10 11 12 13 14

➡ ☐ 이상 ☐ 미만인 수

3

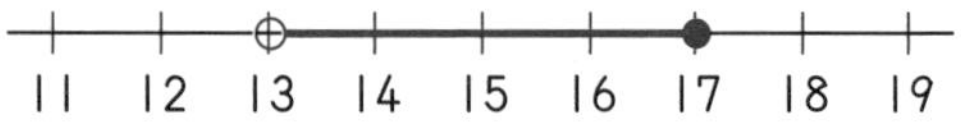

11 12 13 14 15 16 17 18 19

➡ 13 초과 17 이하 인 수

4

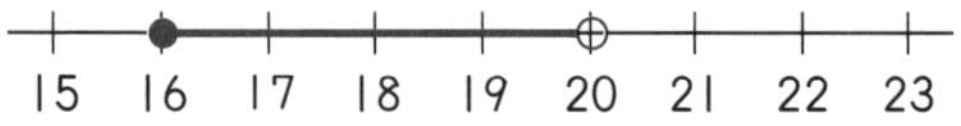

15 16 17 18 19 20 21 22 23

➡ 16 ☐ 20 ☐ 인 수

5

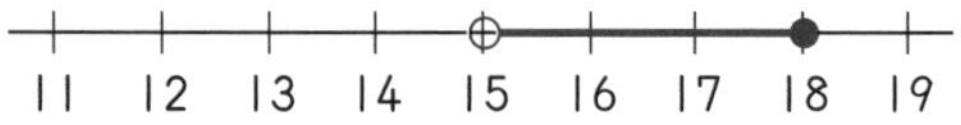

11 12 13 14 15 16 17 18 19

➡ (15 초과 18 이하인 수)

6

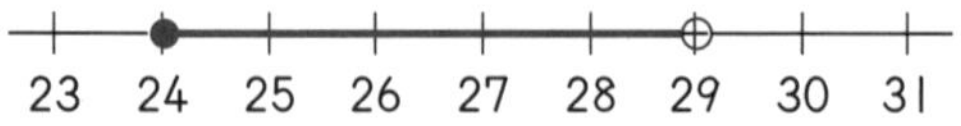

23 24 25 26 27 28 29 30 31

➡ ( )

7

34 35 36 37 38 39 40 41 42

➡ ( )

8

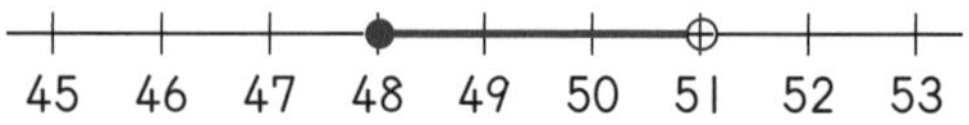

45 46 47 48 49 50 51 52 53

➡ ( )

9

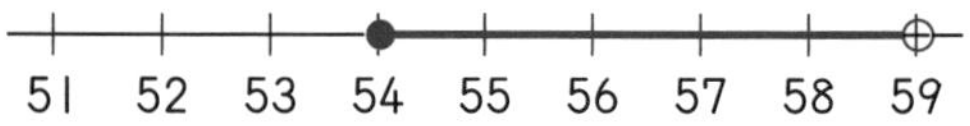

51 52 53 54 55 56 57 58 59

➡ ( )

10

60 61 62 63 64 65 66 67 68

➡ ( )

11

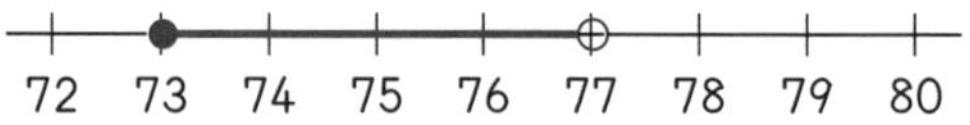

72 73 74 75 76 77 78 79 80

➡ ( )

12

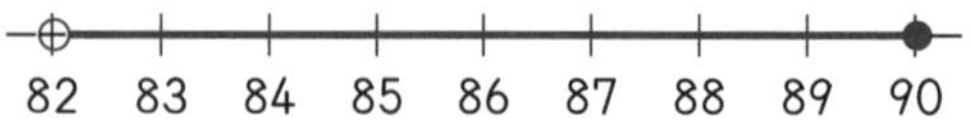

82 83 84 85 86 87 88 89 90

➡ ( )

 **07** 올림은 아래 수가 0이 아니면 무조건 올려!

❀ 올림하여 주어진 자리까지 나타내어 보세요.

구하려는 자리 아래 수를 올려서 나타내는 방법

> 십의 자리 아래 수인 4를 10으로 봐요.

먼저 구하려는 자리 아래 수에 밑줄을 그어 보세요.

① 374

십의 자리까지: 3 7 4 (¹⁰) ➡ (380)
백의 자리까지: 3 7 4 (¹⁰⁰) ➡ (400)

> 백의 자리 아래 수인 74를 100으로 봐요.

② 2001

십의 자리까지: 200 1 ➡ ( )
백의 자리까지: 200 1 ➡ ( )
천의 자리까지: 2 001 (¹⁰⁰⁰) ➡ (3000)

> 천의 자리 아래 수인 1을 1000으로 봐요.

③ 4312

십의 자리까지: 4312 ➡ ( )
백의 자리까지: 4312 ➡ ( )
천의 자리까지: 4312 ➡ ( )

④ 7643

십의 자리까지: 7643 ➡ ( )
백의 자리까지: 7643 ➡ ( )
천의 자리까지: 7643 ➡ ( )

⑤ 8125

십의 자리까지: 8125 ➡ ( )
백의 자리까지: 8125 ➡ ( )
천의 자리까지: 8125 ➡ ( )

목표 시간 **2분**

올림하여 주어진 자리까지 나타내어 보세요.

올림은 아래 수가 0이 아니면 다 올려요~

① 52<u>1</u> → 십의 자리까지 [ ]

먼저 구하려는 자리 아래 수에 밑줄을 그으면 헷갈리지 않아요.

② 7<u>43</u> → 백의 자리까지 [ ]

③ 1384 → 천의 자리까지 [ ]

④ 2017 → 백의 자리까지 [ ]

⑤ 4126 → 십의 자리까지 [ ]

⑥ 8423 → 천의 자리까지 [ ]

⑦ 3452 → 십의 자리까지 [ ]

⑧ 5004 → 백의 자리까지 [ ]

⑨ 6275 → 천의 자리까지 [ ]

⑩ 9209 → 백의 자리까지 [ ]

친구들이 자주 틀리는 문제! 앗! 실수

⑪ 7998 → 십의 자리까지 [ ]

⑫ 8904 → 백의 자리까지 [ ]

08 버림은 아래 수를 무조건 버려!

목표 시간 2분

※ 버림하여 주어진 자리까지 나타내어 보세요.

버림: 구하려는 자리 아래 수를 버려서 나타내는 방법

버린다는 건 아래 수를 0으로 생각한다는 뜻이에요.

❶ 498

십의 자리 아래 수인 8을 0으로 봐요.

- 십의 자리까지: 498 ➡ (490)
- 백의 자리까지: 498 ➡ (400)

백의 자리 아래 수인 98을 0으로 봐요.

❷ 1729

- 십의 자리까지: 1729 ➡ ( )
- 백의 자리까지: 1729 ➡ ( )
- 천의 자리까지: 1729 ➡ (1000)

천의 자리 아래 수인 729를 0으로 봐요.

❸ 2065

- 십의 자리까지: 2065 ➡ ( )
- 백의 자리까지: 2065 ➡ ( )
- 천의 자리까지: 2065 ➡ ( )

❹ 5827

- 십의 자리까지: 5827 ➡ ( )
- 백의 자리까지: 5827 ➡ ( )
- 천의 자리까지: 5827 ➡ ( )

❺ 6799

- 십의 자리까지: 6799 ➡ ( )
- 백의 자리까지: 6799 ➡ ( )
- 천의 자리까지: 6799 ➡ ( )

목표 시간 **2분**

버림하여 주어진 자리까지 나타내어 보세요.

버림은 아래 수를 무조건 버려요~
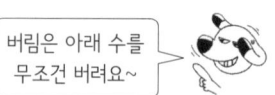

1 452 → 십의 자리까지 ☐

먼저 구하려는 자리 아래 수에 밑줄을 그으면 헷갈리지 않아요.

7 2947 → 백의 자리까지 ☐

2 976 → 백의 자리까지 ☐

8 4678 → 천의 자리까지 ☐

3 1927 → 십의 자리까지 ☐

9 5673 → 십의 자리까지 ☐

4 3795 → 백의 자리까지 ☐

10 7359 → 천의 자리까지 ☐

5 6256 → 천의 자리까지 ☐

11 1589 → 백의 자리까지 ☐

6 7468 → 십의 자리까지 ☐

12 9999 → 천의 자리까지 ☐

✂️ 반올림하여 주어진 자리까지 나타내어 보세요.

구하려는 자리 바로 아래 자리의 숫자가
0, 1, 2, 3, 4이면 버리고, 5, 6, 7, 8, 9이면 올리는 방법

0부터 9까지 숫자 중에서
반은 버리고, 반은 올리니까
'반'올림이라고 기억해요~

1 246

일의 자리 숫자가 6이니까 올려요.

십의 자리까지: 24<u>6</u> ➡ (250   )

백의 자리까지: 2<u>4</u>6 ➡ (200   )

십의 자리 숫자가 4니까 버려요.

2 1507

반올림은 바로 아래 자리의
숫자만! 밑줄을 그어 보세요.

십의 자리까지: 150<u>7</u> ➡ (   )

백의 자리까지: 15<u>0</u>7 ➡ (   )

천의 자리까지: 1<u>5</u>07 ➡ (2000   )

백의 자리 숫자가 5니까 올려요.

3 3814

십의 자리까지: 3814 ➡ (   )

백의 자리까지: 3814 ➡ (   )

천의 자리까지: 3814 ➡ (   )

4 4365

십의 자리까지: 4365 ➡ (   )

백의 자리까지: 4365 ➡ (   )

천의 자리까지: 4365 ➡ (   )

5 8392

십의 자리까지: 8392 ➡ (   )

백의 자리까지: 8392 ➡ (   )

천의 자리까지: 8392 ➡ (   )

올림과 버림은 구하려는 자리 아래 수를 모두 보지만, 반올림은 구하려는 자리 바로 아래의 숫자만 살펴봐야 합니다. 가장 헷갈려하는 부분이니 정확히 알고 넘어가세요.

목표 시간 3분

반올림하여 주어진 자리까지 나타내어 보세요.

반올림은 바로 아래 자리의 숫자가 5와 같거나 크면 올리고, 5보다 작으면 버려요.

1 183 ⟶ 십의 자리까지 ☐

먼저 구하려는 자리 바로 아래의 숫자에 밑줄을 그어 보세요.

7 3185 ⟶ 백의 자리까지 ☐

2 472 ⟶ 백의 자리까지 ☐

8 5217 ⟶ 천의 자리까지 ☐

3 1029 ⟶ 천의 자리까지 ☐

9 7356 ⟶ 십의 자리까지 ☐

4 2641 ⟶ 백의 자리까지 ☐

10 8932 ⟶ 천의 자리까지 ☐

5 4716 ⟶ 천의 자리까지 ☐

친구들이 자주 틀리는 문제! 앗! 실수

11 6958 ⟶ 백의 자리까지 ☐

6 6745 ⟶ 십의 자리까지 ☐

12 5997 ⟶ 십의 자리까지 ☐

10 소수의 올림, 버림도 자연수의 올림, 버림처럼!

목표 시간 3분

✾ 올림하여 주어진 자리까지 나타내어 보세요.

소수의 올림도 구하려는 자리 아래 수가 0이 아니면 무조건 올려요~

① 1.32

> 일의 자리 아래 수인 0.32를 1로 봐요.

일의 자리까지: 1.**32** ➡ (　　2　　)

소수 첫째 자리까지: 1.3**2** ➡ (　　1.4　　)
0.1

> 소수 첫째 자리 아래 수인 0.02를 0.1로 봐요.

② 5.48

일의 자리까지: 5.4<u>8</u> ➡ (　　　　)

소수 첫째 자리까지: 5.4<u>8</u> ➡ (　　　　)

③ 2.613

일의 자리까지: 2.**613** ➡ (　　　　)
1

소수 첫째 자리까지: 2.6**13** ➡ (　　　　)
0.1

소수 둘째 자리까지: 2.61**3** ➡ (　　2.62　　)
0.01

> 소수 둘째 자리 아래 수인 0.003을 0.01로 봐요.

④ 4.574

일의 자리까지: 4.574 ➡ (　　　　)

소수 첫째 자리까지: 4.574 ➡ (　　　　)

소수 둘째 자리까지: 4.574 ➡ (　　　　)

⑤ 8.785

일의 자리까지: 8.785 ➡ (　　　　)

소수 첫째 자리까지: 8.785 ➡ (　　　　)

소수 둘째 자리까지: 8.785 ➡ (　　　　)

❀ 버림하여 주어진 자리까지 나타내어 보세요.

소수의 버림도 구하려는 자리 아래 수를 모두 버려요~

1 3.74

일의 자리 아래 수인 0.74를 0으로 봐요.

일의 자리까지: 3.**74** ➡ (3)

소수 첫째 자리까지: 3.7**4** ➡ (3.7)

소수 첫째 자리 아래 수인 0.04를 0으로 봐요.

2 8.25

일의 자리까지: 8.2̲5̲ ➡ ( )

소수 첫째 자리까지: 8.2̲5̲ ➡ ( )

3 1.653

일의 자리까지: 1.**653** ➡ ( )

소수 첫째 자리까지: 1.6**53** ➡ ( )

소수 둘째 자리까지: 1.65**3** ➡ (1.65)

소수 둘째 자리 아래 수인 0.003을 0으로 봐요.

4 3.184

일의 자리까지: 3.184 ➡ ( )

소수 첫째 자리까지: 3.184 ➡ ( )

소수 둘째 자리까지: 3.184 ➡ ( )

5 7.096

일의 자리까지: 7.096 ➡ ( )

소수 첫째 자리까지: 7.096 ➡ ( )

소수 둘째 자리까지: 7.096 ➡ ( )

11 소수의 반올림도 자연수의 반올림처럼!

✖️ 반올림하여 주어진 자리까지 나타내어 보세요.

소수의 반올림도 바로
아래 자리의 숫자만 살펴봐요!
5와 같거나 크면 올림을,
5보다 작으면 버림을 해요.

1 5.62

소수 첫째 자리 숫자가 6이니까 올려요.

일의 자리까지: 5.6̱2 ➡ (6)

소수 첫째 자리까지: 5.62̱ ➡ (5.6)

소수 둘째 자리 숫자가 2니까 버려요.

2 7.39

일의 자리까지: 7.3̱9 ➡ ( )

소수 첫째 자리까지: 7.39̱ ➡ ( )

3 4.571

일의 자리까지: 4.5̱71 ➡ ( )

소수 첫째 자리까지: 4.57̱1 ➡ ( )

소수 둘째 자리까지: 4.571̱ ➡ (4.57)

소수 셋째 자리 숫자가 1이니까 버려요.

4 6.805

일의 자리까지: 6.805 ➡ ( )

소수 첫째 자리까지: 6.805 ➡ ( )

소수 둘째 자리까지: 6.805 ➡ ( )

5 9.284

일의 자리까지: 9.284 ➡ ( )

소수 첫째 자리까지: 9.284 ➡ ( )

소수 둘째 자리까지: 9.284 ➡ ( )

목표 시간
4분

올림, 버림, 반올림하여 주어진 자리까지 나타내어 보세요.

자연수와 소수의 어림하기를
모아 풀면서 마무리 해 봐요!

① 1982 → 십의 자리까지 올림 [ ] 버림 [ ] 반올림 [ ]

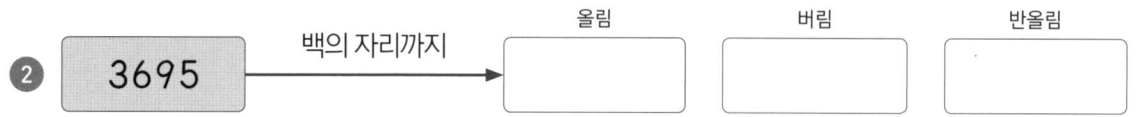

② 3695 → 백의 자리까지 올림 [ ] 버림 [ ] 반올림 [ ]

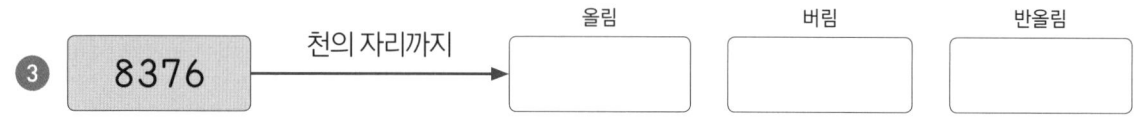

③ 8376 → 천의 자리까지 올림 [ ] 버림 [ ] 반올림 [ ]

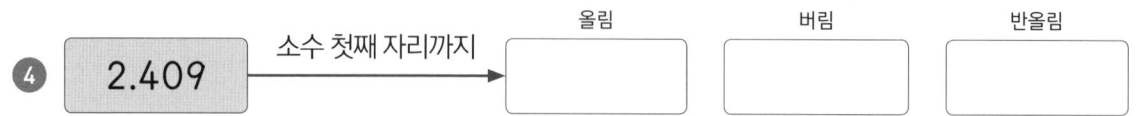

④ 2.409 → 소수 첫째 자리까지 올림 [ ] 버림 [ ] 반올림 [ ]

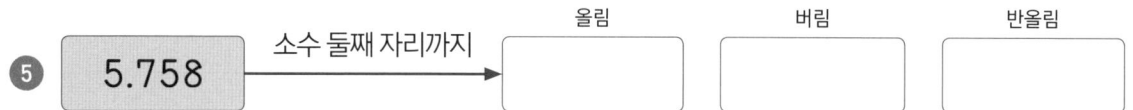

⑤ 5.758 → 소수 둘째 자리까지 올림 [ ] 버림 [ ] 반올림 [ ]

친구들이 자주 틀리는 문제! 앗! 실수

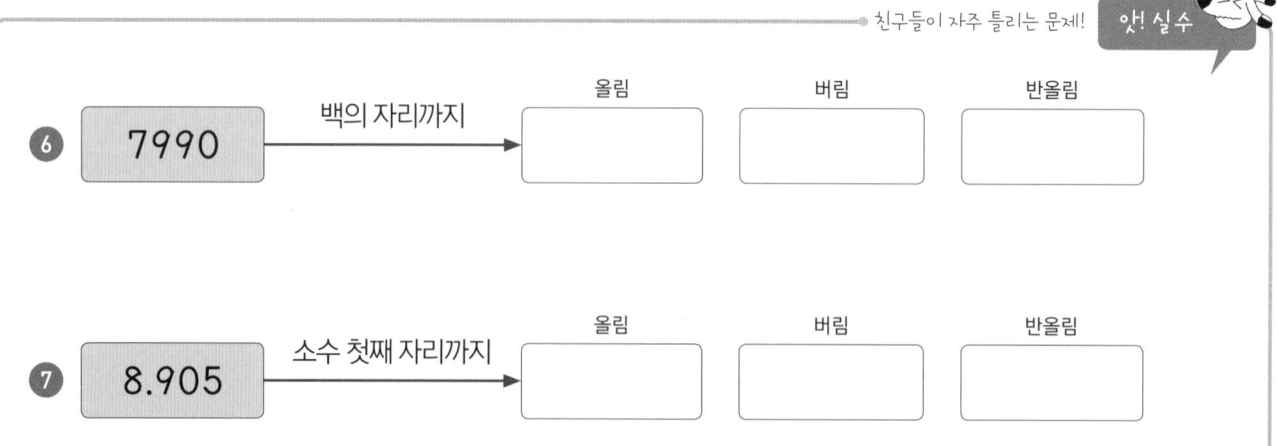

⑥ 7990 → 백의 자리까지 올림 [ ] 버림 [ ] 반올림 [ ]

⑦ 8.905 → 소수 첫째 자리까지 올림 [ ] 버림 [ ] 반올림 [ ]

12 생활 속 연산 — 수의 범위와 어림하기

❀ 그림을 보고 ☐ 안에 알맞은 수를 써넣으세요.

1

구인 광고
· 하는 일 : 선물 포장하기
· 나이 : 20세 이상

12세   20세   18세   25세

20세 이상이 지원할 수 있는 일이 있습니다.
구인 광고에 지원할 수 있는 사람은 모두
☐ 명입니다.

2

무게별 일반 우편 요금

무게(g)	요금(원)
5 이하	350
5 초과 25 이하	380
25 초과 50 이하	400

 우체국

준기가 우체국에서 무게가 25 g인 일반 우편을
보내려고 합니다. 준기가 내야 하는 우편 요금은
☐ 원입니다.

3

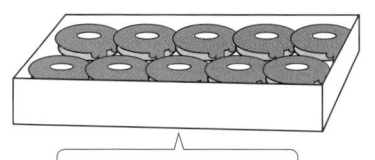

한 상자에 10개씩 담고
남은 도넛은 팔 수 없어요.

도넛 273개를 한 상자에 10개씩 담아 팔려고
합니다. 팔 수 있는 도넛은 최대 ☐ 개입니다.

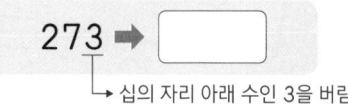

273 ➡ ☐

└→ 십의 자리 아래 수인 3을 버림

4

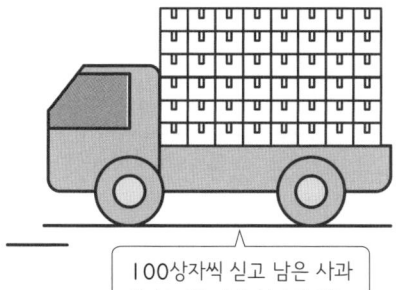

100상자씩 싣고 남은 사과
상자도 한 대에 실어야 해요.

사과 452상자를 트럭에 모두 실으려고 합니다.
트럭 한 대에 100상자씩 실을 수 있다면 트럭은
최소 ☐ 대가 필요합니다.

452 ➡ ☐

└→ 백의 자리 아래 수인 52를 올림

🎀 6명의 친구들이 놀이기구를 타려고 합니다. 놀이공원에 있는 놀이기구의 탑승 조건을 보고 각각의 놀이기구를 탈 수 있는 사람 수를 ○ 안에 써넣으세요.

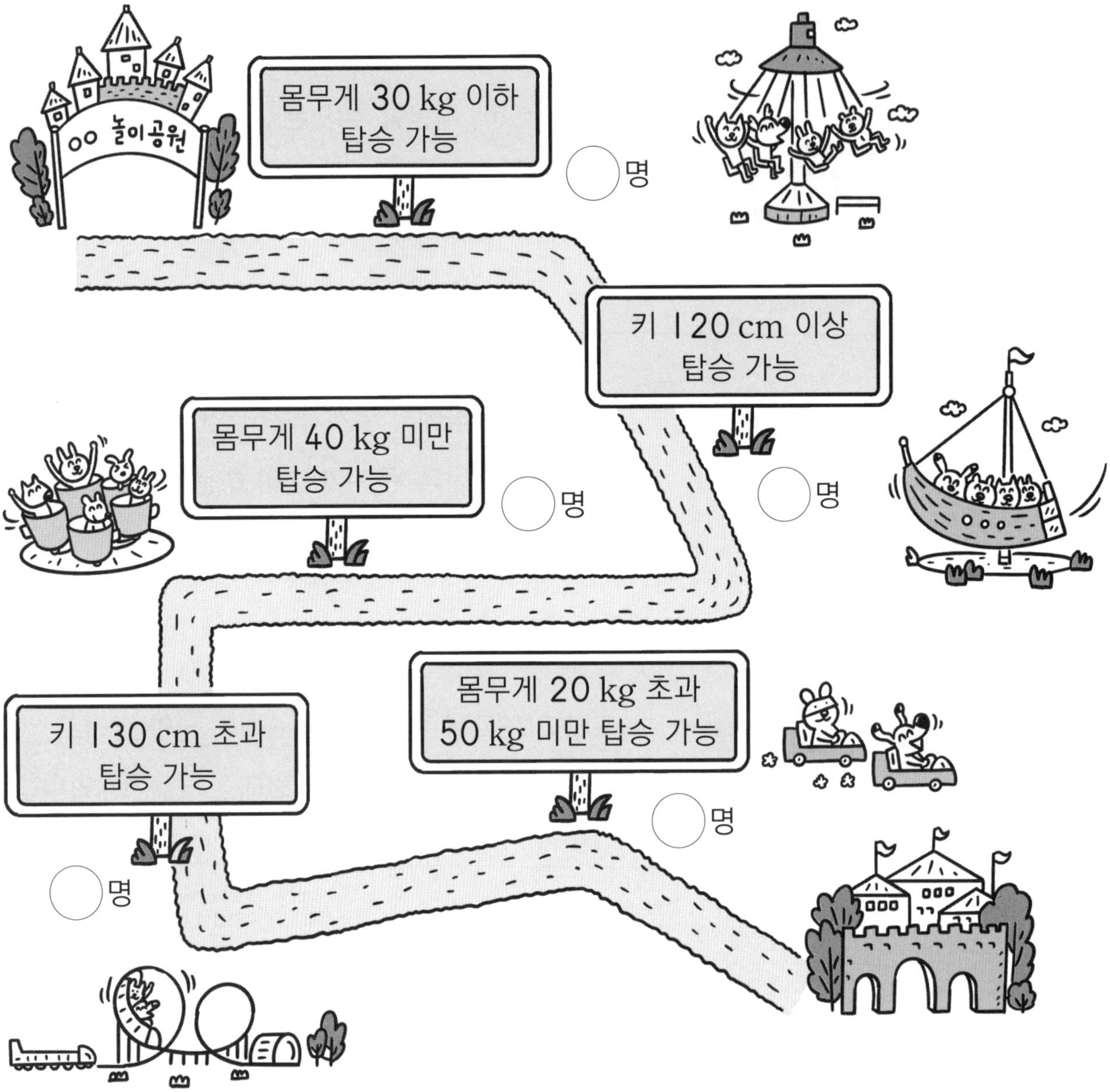

○○ 놀이공원

몸무게 30 kg 이하
탑승 가능
○명

키 120 cm 이상
탑승 가능
○명

몸무게 40 kg 미만
탑승 가능
○명

몸무게 20 kg 초과
50 kg 미만 탑승 가능
○명

키 130 cm 초과
탑승 가능
○명

놀이기구를 타려는 친구들의 키와 몸무게

이름	우진	슬기	지석	수지	현우	민서
몸무게(kg)	50	30.4	40	25	26	20
키(cm)	155	140	148	130	129.7	120

다 했어요!
꿀떡 주세요~

오늘 공부한 단계를 색칠해 보세요!

☆ 진분수와 자연수의 곱셈

분자와 자연수를 곱해요.

$$\frac{5}{8} \times 3 = \frac{5 \times 3}{8} = \frac{15}{8} = 1\frac{7}{8}$$

분모는 그대로!

대분수로 나타내요.

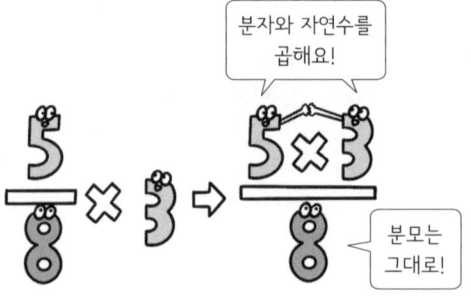

분자와 자연수를 곱해요!

분모는 그대로!

☆ 진분수의 곱셈

분자는 분자끼리 곱해요.

$$\frac{2}{3} \times \frac{1}{3} = \frac{2 \times 1}{3 \times 3} = \frac{2}{9}$$

분모는 분모끼리 곱해요.

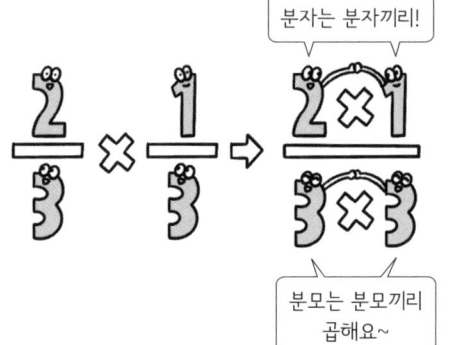

분자는 분자끼리!

분모는 분모끼리 곱해요~

☆ 대분수의 곱셈

☆ 가분수로 바꿔요.

분자는 분자끼리,
분모는 분모끼리 곱해요.

$$1\frac{1}{2} \times 1\frac{2}{5} = \frac{3}{2} \times \frac{7}{5} = \frac{3 \times 7}{2 \times 5} = \frac{21}{10} = 2\frac{1}{10}$$

대분수로 나타내요.

대분수는 반드시 가분수로 바꾼 다음 곱해야 돼요.

약분이 되는 분수의 곱셈은 곱하기 전에 약분을 먼저 하면 계산이 간단해져요!

$$\frac{5}{\overset{6}{\underset{2}{6}}} \times \overset{1}{3} = \frac{5 \times 1}{2} = \frac{5}{2} = 2\frac{1}{2}$$ 분모와 자연수를 약분!

$$\frac{\overset{1}{4}}{5} \times \frac{5}{\overset{8}{2}} = \frac{1 \times 1}{1 \times 2} = \frac{1}{2}$$ 분자와 분모를 ✕ 방향으로 약분!

$$4\frac{1}{5} \times 1\frac{1}{9} = \frac{\overset{7}{21}}{5} \times \frac{\overset{2}{10}}{\underset{3}{9}} = \frac{7 \times 2}{1 \times 3} = \frac{14}{3} = 4\frac{2}{3}$$ 대분수를 가분수로 바꾼 다음 약분!

대분수 상태에서는 약분할 수 없어요.

 **13** 진분수의 분자와 자연수를 곱하자

✂ 계산하세요.

분자와 자연수를 곱해요.

 분모는 그대로 쓰고,
분자와 자연수를 곱해요.

① $\dfrac{2}{5} \times 2 = \dfrac{2 \times 2}{5} = \dfrac{\square}{5}$

$\dfrac{2}{5} \times 2$는 $\dfrac{2}{5}$를 2번 더한 것과 같아요.
$\dfrac{2}{5} \times 2 = \dfrac{2}{5} + \dfrac{2}{5} = \dfrac{2 \times 2}{5} = \dfrac{4}{5}$

② $\dfrac{1}{7} \times 5 = \dfrac{\square}{7}$

③ $\dfrac{4}{9} \times 2 =$

④ $\dfrac{2}{7} \times 3 =$

⑤ $\dfrac{5}{11} \times 2 =$

⑥ $\dfrac{3}{13} \times 4 =$

대분수로 나타내요.

⑦ $\dfrac{2}{3} \times 4 = \dfrac{\square}{3} = \square \dfrac{\square}{3}$

계산 결과가 가분수이면
대분수로 바꾸어 나타내요.

⑧ $\dfrac{4}{7} \times 2 =$

⑨ $\dfrac{3}{8} \times 5 =$

⑩ $\dfrac{2}{9} \times 8 =$

⑪ $\dfrac{3}{10} \times 7 =$

⑫ $\dfrac{9}{14} \times 3 =$

❀ 계산하세요.

먼저 분모를 그대로 써요!
분자에 자연수를 곱하면 되니
어렵지 않죠?

① $\dfrac{2}{3} \times 2 =$

② $\dfrac{3}{4} \times 9 =$

③ $\dfrac{4}{5} \times 3 =$

④ $\dfrac{6}{7} \times 4 =$

⑤ $\dfrac{7}{8} \times 3 =$

⑥ $\dfrac{5}{9} \times 7 =$

⑦ $\dfrac{9}{10} \times 3 =$

⑧ $\dfrac{4}{13} \times 5 =$

⑨ $\dfrac{8}{15} \times 4 =$

⑩ $\dfrac{11}{16} \times 3 =$

⑪ $\dfrac{6}{17} \times 5 =$

분모와 자연수를
곱하면 안 돼요.

⑫ $\dfrac{10}{23} \times 6 =$

14 분모와 자연수가 약분이 되면 약분 먼저!

✂️ 계산하여 기약분수로 나타내세요.

곱하기 전에 분모와 자연수를 약분하면 수가 간단해져서 계산이 훨씬 쉬워요.

분모와 자연수를 약분해요.

1 $\dfrac{1}{3} \times \overset{2}{\cancel{6}} = 1 \times \boxed{} = \boxed{}$

곱셈을 다 한 다음 약분하는 방법도 있어요. $\dfrac{1}{3} \times 6 = \dfrac{\overset{2}{\cancel{6}}}{\cancel{3}} = 2$

7 $\dfrac{5}{7} \times 21 =$

2 $\dfrac{3}{4} \times 2 = \dfrac{3 \times \boxed{}}{2} = \dfrac{\boxed{}}{2} = \boxed{}$

약분을 표시해 보세요~

8 $\dfrac{9}{10} \times 2 =$

3 $\dfrac{2}{5} \times 10 =$

9 $\dfrac{6}{11} \times 22 =$

4 $\dfrac{5}{6} \times 4 =$

10 $\dfrac{7}{12} \times 8 =$

5 $\dfrac{3}{8} \times 6 =$

11 $\dfrac{5}{18} \times 15 =$

6 $\dfrac{4}{9} \times 3 =$

12 $\dfrac{9}{28} \times 7 =$

개정된 교육과정에서는 계산 결과를 약분하지 않아도 답으로 인정합니다. 하지만 기약분수로 나타내는 습관을 들이는 게 좋습니다.

목표 시간 2분

❀ 계산하여 기약분수로 나타내세요.

반드시 분모와 자연수를 약분해요. 분자와 자연수를 약분하면 안 돼요~

① $\dfrac{4}{5} \times 15 =$

② $\dfrac{7}{8} \times 2 =$

③ $\dfrac{2}{9} \times 6 =$

④ $\dfrac{3}{10} \times 4 =$

⑤ $\dfrac{5}{12} \times 3 =$

⑥ $\dfrac{3}{14} \times 10 =$

⑦ $\dfrac{11}{18} \times 12 =$

⑧ $\dfrac{13}{21} \times 9 =$

⑨ $\dfrac{5}{24} \times 8 =$

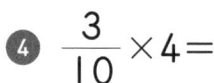 친구들이 자주 틀리는 문제! 앗! 실수

⑩ $\dfrac{8}{15} \times 10 =$

조심! 분자와 자연수를 약분하지 않도록 주의해요.

⑪ $\dfrac{9}{16} \times 6 =$

⑫ $\dfrac{3}{20} \times 15 =$

15 대분수와 자연수의 곱은 먼저 대분수를 가분수로!

목표 시간 3분

계산하세요.

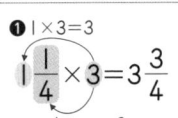

대분수와 자연수를 바로 곱할 수는 없어요.
대분수를 가분수로 바꾼 다음 곱해 줘요.

가분수로 바꿔요.

❶ $1\frac{1}{2}\times3=\frac{\square}{2}\times3=\frac{\square}{2}=\square$

❷ $1\frac{2}{3}\times4=$

❸ $2\frac{1}{4}\times3=$

❹ $1\frac{3}{5}\times6=$

❺ $2\frac{1}{6}\times5=$

❻ $2\frac{1}{7}\times2=$

❼ $1\frac{3}{8}\times7=$

❽ $2\frac{2}{9}\times4=$

❾ $2\frac{1}{10}\times3=$

❿ $3\frac{2}{11}\times2=$

⓫ $1\frac{1}{12}\times5=$

대분수를 자연수와 진분수의 합으로 나누어 계산하는 방법도 있어요.

$1\frac{1}{4}\times3=(1+1+1)+\left(\frac{1}{4}+\frac{1}{4}+\frac{1}{4}\right)$

$=(1\times3)+\left(\frac{1}{4}\times3\right)=3+\frac{3}{4}=3\frac{3}{4}$

❶ $1\times3=3$

$1\frac{1}{4}\times3=3\frac{3}{4}$

❷ $\frac{1}{4}\times3=\frac{3}{4}$

이렇게 외워 두면 암산도 가능해요~

대분수는 자연수와 진분수의 합으로 이루어진 분수이므로 대분수 상태에서 바로 곱할 수 없습니다. 반드시 대분수를 가분수로 바꾼 다음 곱하세요.

❀ 계산하세요.

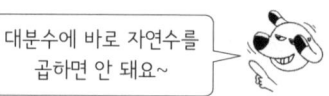

대분수에 바로 자연수를 곱하면 안 돼요~

1 $1\dfrac{1}{4} \times 3 = \dfrac{\boxed{}}{4} \times 3 = \dfrac{\boxed{}}{4} = \boxed{}$

7 $1\dfrac{1}{10} \times 9 =$

2 $2\dfrac{2}{5} \times 2 =$

8 $2\dfrac{3}{11} \times 4 =$

3 $1\dfrac{5}{6} \times 5 =$

9 $2\dfrac{2}{13} \times 2 =$

4 $2\dfrac{6}{7} \times 4 =$

10 $1\dfrac{1}{14} \times 3 =$

5 $3\dfrac{1}{8} \times 3 =$

11 $2\dfrac{1}{17} \times 2 =$

6 $1\dfrac{8}{9} \times 4 =$

12 $1\dfrac{1}{19} \times 3 =$

16 약분이 되는 대분수와 자연수의 곱셈 연습

목표 시간 3분

계산하여 기약분수로 나타내세요.

대분수를 가분수로 바꾼 다음 분모와 자연수가 약분이 되면 약분해요.

가분수로 바꿔요.

❶ $1\frac{2}{3}\times9=\frac{5}{\cancel{3}_1}\times\cancel{9}^3=5\times\square=\square$

약분을 표시해 보세요~

❷ $2\frac{1}{4}\times6=\frac{9}{4}\times6=\frac{9\times\square}{2}$

$=\frac{\square}{2}=\square$

❸ $2\frac{1}{5}\times20=$

❹ $3\frac{1}{2}\times12=$

❺ $2\frac{1}{6}\times9=$

❻ $2\frac{2}{9}\times6=$

❼ $1\frac{5}{8}\times16=$

❽ $1\frac{3}{10}\times8=$

❾ $2\frac{1}{12}\times4=$

❿ $3\frac{2}{15}\times5=$

⓫ $2\frac{3}{16}\times4=$

⓬ $1\frac{5}{18}\times3=$

(대분수)×(자연수)에서 가장 많이 하는 실수는 대분수를 가분수로 바꾸지 않고 약분하는 것입니다. 반드시 가분수로 바꾼 다음 약분하세요.

목표 시간
3분

❀ 계산하여 기약분수로 나타내세요.

1 $3\dfrac{1}{5} \times 15 =$

대분수를 가분수로 바꾸지 않고, 약분하면 계산 결과가 달라져요! $3\dfrac{1}{\underset{1}{5}} \times \overset{3}{15} = 3 \times 3 = 9$

7 $2\dfrac{3}{11} \times 22 =$

2 $1\dfrac{5}{6} \times 3 =$

8 $1\dfrac{5}{12} \times 10 =$

3 $5\dfrac{2}{7} \times 14 =$

9 $1\dfrac{4}{15} \times 12 =$

4 $2\dfrac{7}{8} \times 12 =$

10 $1\dfrac{11}{16} \times 4 =$

5 $2\dfrac{5}{9} \times 3 =$

11 $1\dfrac{7}{18} \times 6 =$

6 $1\dfrac{7}{10} \times 15 =$

12 $2\dfrac{3}{20} \times 8 =$

17 자연수와 진분수의 분자를 곱하자

❀ 계산하세요.

자연수와 분자를 곱해요.

분모는 그대로 쓰고,
자연수와 분자를 곱해요.

❶ $2 \times \dfrac{3}{7} = \dfrac{2 \times 3}{7} = \dfrac{\square}{7}$

대분수로 나타내요.

❼ $5 \times \dfrac{2}{3} = \dfrac{\square}{3} = \boxed{}$

계산 결과가 가분수이면
대분수로 바꾸어 나타내요.

❷ $3 \times \dfrac{3}{10} = \dfrac{\square}{10}$

❽ $3 \times \dfrac{1}{2} =$

❸ $4 \times \dfrac{2}{13} =$

❾ $7 \times \dfrac{3}{4} =$

❹ $2 \times \dfrac{4}{15} =$

❿ $6 \times \dfrac{2}{5} =$

❺ $3 \times \dfrac{5}{16} =$

⓫ $3 \times \dfrac{5}{8} =$

❻ $7 \times \dfrac{2}{25} =$

⓬ $5 \times \dfrac{7}{12} =$

❀ 계산하세요.

자연수는 분자에만 곱해야 돼요.
분모에는 곱하지 않아요.

❶ $3 \times \dfrac{3}{4} =$

❷ $2 \times \dfrac{4}{5} =$

❸ $4 \times \dfrac{2}{7} =$

❹ $5 \times \dfrac{7}{8} =$

❺ $9 \times \dfrac{7}{10} =$

❻ $4 \times \dfrac{4}{11} =$

❼ $6 \times \dfrac{4}{13} =$

❽ $3 \times \dfrac{9}{14} =$

❾ $7 \times \dfrac{5}{16} =$

❿ $4 \times \dfrac{8}{17} =$

⓫ $8 \times \dfrac{6}{19} =$

⓬ $3 \times \dfrac{11}{20} =$

목표 시간 2분

✂ 계산하여 기약분수로 나타내세요.

자연수와 분모를 약분해요.

① $\overset{4}{\cancel{8}} \times \dfrac{1}{\underset{1}{\cancel{2}}} = \boxed{} \times 1 = \boxed{}$

> 곱셈을 하기 전에 약분을 먼저 하면
> 수가 간단해져서 계산이 쉬워요.

② $10 \times \dfrac{3}{4} = \dfrac{\boxed{} \times 3}{2} = \dfrac{\boxed{}}{2} = \boxed{}$

> 약분을 표시해 보세요~

③ $12 \times \dfrac{2}{3} =$

④ $15 \times \dfrac{2}{5} =$

⑤ $8 \times \dfrac{5}{6} =$

⑥ $28 \times \dfrac{6}{7} =$

⑦ $4 \times \dfrac{7}{8} =$

⑧ $15 \times \dfrac{4}{9} =$

⑨ $6 \times \dfrac{3}{10} =$

⑩ $10 \times \dfrac{11}{12} =$

⑪ $26 \times \dfrac{8}{13} =$

⑫ $35 \times \dfrac{5}{14} =$

목표 시간 2분

계산하여 기약분수로 나타내세요.

❶ $10\times\frac{1}{6}=$

❷ $15\times\frac{4}{5}=$

❸ $3\times\frac{7}{9}=$

❹ $12\times\frac{7}{10}=$

❺ $9\times\frac{5}{12}=$

❻ $20\times\frac{4}{15}=$

❼ $14\times\frac{5}{16}=$

❽ $9\times\frac{11}{18}=$

❾ $16\times\frac{7}{40}=$

친구들이 자주 틀리는 문제! 앗! 실수

❿ $12\times\frac{3}{8}=$

조심! 자연수와 분자를 약분하지 않도록 주의해요.

⓫ $21\times\frac{9}{14}=$

⓬ $6\times\frac{9}{22}=$

19 자연수와 대분수의 곱은 먼저 대분수를 가분수로!

✱ 계산하세요.

가분수로 바꿔요.

1 $3 \times 1\dfrac{1}{2} = 3 \times \dfrac{\square}{2} = \dfrac{\square}{2} = \square$

자연수와 대분수를 바로 곱할 수는 없어요.
대분수를 가분수로 바꾼 다음 곱해 줘요.

7 $3 \times 1\dfrac{7}{8} =$

2 $4 \times 2\dfrac{1}{3} =$

8 $8 \times 1\dfrac{1}{9} =$

3 $7 \times 1\dfrac{3}{4} =$

9 $7 \times 1\dfrac{3}{10} =$

4 $6 \times 1\dfrac{2}{5} =$

10 $2 \times 2\dfrac{3}{11} =$

5 $5 \times 1\dfrac{5}{6} =$

11 $4 \times 1\dfrac{2}{13} =$

6 $2 \times 3\dfrac{4}{7} =$

12 $2 \times 1\dfrac{4}{15} =$

😊 계산하세요.

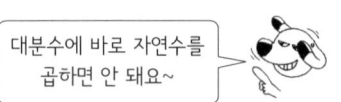
대분수에 바로 자연수를
곱하면 안 돼요~

1 $5 \times 2\frac{1}{2} = 5 \times \dfrac{\boxed{}}{2} = \dfrac{\boxed{}}{2} = \boxed{}$

7 $7 \times 1\frac{2}{9} =$

2 $4 \times 3\frac{1}{3} =$

8 $2 \times 3\frac{7}{11} =$

3 $3 \times 5\frac{1}{4} =$

9 $3 \times 1\frac{9}{14} =$

4 $2 \times 4\frac{1}{5} =$

10 $2 \times 2\frac{2}{19} =$

5 $6 \times 1\frac{4}{7} =$

11 $4 \times 1\frac{7}{13} =$

6 $5 \times 1\frac{3}{8} =$

12 $5 \times 1\frac{3}{17} =$

✿ 계산하여 기약분수로 나타내세요.

대분수를 가분수로 바꾼 다음
자연수와 분모가 약분이 되면 약분해요.

가분수로 바꿔요.

① $8 \times 2\dfrac{1}{2} = \overset{4}{\cancel{8}} \times \dfrac{\square}{\cancel{2}} = 4 \times \square = \square$

약분을 표시해 보세요~

② $6 \times 1\dfrac{3}{4} = 6 \times \dfrac{7}{4} = \dfrac{\square \times 7}{2}$

$= \dfrac{\square}{2} = \square$

③ $10 \times 3\dfrac{2}{5} =$

④ $2 \times 4\dfrac{1}{6} =$

⑤ $4 \times 1\dfrac{7}{8} =$

⑥ $2 \times 2\dfrac{3}{10} =$

⑦ $10 \times 2\dfrac{1}{6} =$

⑧ $21 \times 1\dfrac{4}{7} =$

⑨ $8 \times 3\dfrac{5}{12} =$

⑩ $9 \times 1\dfrac{7}{18} =$

⑪ $20 \times 1\dfrac{4}{15} =$

⑫ $12 \times 1\dfrac{1}{14} =$

대분수는 자연수와 진분수의 합으로 이루어진 분수이므로 대분수 상태에서 바로 곱할 수 없습니다. 반드시 대분수를 가분수로 바꾼 다음 약분하세요.

목표 시간 3분

※ 계산하여 기약분수로 나타내세요.

❶ $4\times3\frac{1}{2}=$

❷ $9\times2\frac{2}{3}=$

❸ $10\times1\frac{1}{4}=$

❹ $15\times2\frac{3}{5}=$

❺ $20\times1\frac{5}{8}=$

❻ $12\times1\frac{2}{9}=$

❼ $5\times1\frac{7}{10}=$

❽ $16\times2\frac{1}{12}=$

❾ $26\times1\frac{4}{13}=$

❿ $8\times1\frac{3}{16}=$

⓫ $9\times2\frac{2}{15}=$

⓬ $5\times2\frac{3}{20}=$

21 단위분수끼리 곱하면 분자는 항상 1!

✂️ 계산하세요.

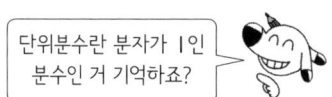
단위분수란 분자가 1인 분수인 거 기억하죠?

① $\dfrac{1}{2} \times \dfrac{1}{3} = \dfrac{1 \times 1}{2 \times \boxed{}} = \dfrac{1}{\boxed{}}$

분자끼리 곱해요.

분모끼리 곱해요.

단위분수의 곱셈은 분자가 항상 1이니까 분모끼리만 곱하면 돼요.

⑦ $\dfrac{1}{5} \times \dfrac{1}{6} =$

② $\dfrac{1}{4} \times \dfrac{1}{5} = \dfrac{1}{\boxed{}}$

⑧ $\dfrac{1}{7} \times \dfrac{1}{8} =$

③ $\dfrac{1}{3} \times \dfrac{1}{4} =$

⑨ $\dfrac{1}{9} \times \dfrac{1}{4} =$

④ $\dfrac{1}{7} \times \dfrac{1}{2} =$

⑩ $\dfrac{1}{8} \times \dfrac{1}{9} =$

⑤ $\dfrac{1}{3} \times \dfrac{1}{5} =$

⑪ $\dfrac{1}{2} \times \dfrac{1}{11} =$

⑥ $\dfrac{1}{4} \times \dfrac{1}{4} =$

⑫ $\dfrac{1}{3} \times \dfrac{1}{10} =$

목표 시간 **2분**

✽ 계산하세요.

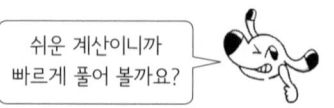

쉬운 계산이니까
빠르게 풀어 볼까요?

1 $\dfrac{1}{2} \times \dfrac{1}{4} =$

2 $\dfrac{1}{3} \times \dfrac{1}{3} =$

3 $\dfrac{1}{2} \times \dfrac{1}{9} =$

4 $\dfrac{1}{4} \times \dfrac{1}{7} =$

5 $\dfrac{1}{5} \times \dfrac{1}{5} =$

6 $\dfrac{1}{6} \times \dfrac{1}{8} =$

7 $\dfrac{1}{5} \times \dfrac{1}{9} =$

8 $\dfrac{1}{9} \times \dfrac{1}{6} =$

9 $\dfrac{1}{7} \times \dfrac{1}{10} =$

10 $\dfrac{1}{8} \times \dfrac{1}{11} =$

11 $\dfrac{1}{12} \times \dfrac{1}{5} =$

12 $\dfrac{1}{3} \times \dfrac{1}{15} =$

22 분자는 분자끼리, 분모는 분모끼리 곱하자

❀ 계산하세요.

① $\dfrac{2}{3} \times \dfrac{1}{5} = \dfrac{2 \times \boxed{}}{3 \times \boxed{}} = \boxed{}$

분자끼리 곱해요.

분모끼리 곱해요.

진분수끼리의 곱셈은 분자끼리, 분모끼리 곱해요.

⑦ $\dfrac{3}{8} \times \dfrac{3}{5} =$

② $\dfrac{1}{7} \times \dfrac{3}{4} =$

⑧ $\dfrac{2}{7} \times \dfrac{6}{7} =$

③ $\dfrac{3}{5} \times \dfrac{2}{5} =$

⑨ $\dfrac{7}{8} \times \dfrac{5}{8} =$

④ $\dfrac{3}{4} \times \dfrac{3}{5} =$

⑩ $\dfrac{3}{5} \times \dfrac{9}{10} =$

⑤ $\dfrac{5}{8} \times \dfrac{5}{6} =$

⑪ $\dfrac{2}{7} \times \dfrac{5}{9} =$

⑥ $\dfrac{4}{5} \times \dfrac{4}{7} =$

⑫ $\dfrac{7}{10} \times \dfrac{3}{4} =$

❀ 계산하세요.

① $\dfrac{1}{3} \times \dfrac{4}{7} =$

② $\dfrac{7}{9} \times \dfrac{1}{9} =$

③ $\dfrac{3}{8} \times \dfrac{7}{10} =$

④ $\dfrac{4}{11} \times \dfrac{2}{5} =$

⑤ $\dfrac{9}{10} \times \dfrac{3}{7} =$

⑥ $\dfrac{2}{3} \times \dfrac{8}{13} =$

⑦ $\dfrac{3}{10} \times \dfrac{9}{10} =$

⑧ $\dfrac{5}{9} \times \dfrac{7}{8} =$

⑨ $\dfrac{6}{7} \times \dfrac{6}{11} =$

⑩ $\dfrac{3}{4} \times \dfrac{9}{14} =$

⑪ $\dfrac{11}{15} \times \dfrac{4}{5} =$

⑫ $\dfrac{5}{6} \times \dfrac{7}{12} =$

23 분자와 분모가 약분이 되면 약분 먼저!

✂ 계산하여 기약분수로 나타내세요.

 곱하기 전에 분자와 분모를 약분하면
수가 간단해져서 계산이 훨씬 쉬워요.

약분이 되면 먼저 약분해요.

1 $\dfrac{2}{5} \times \dfrac{3}{\overset{}{\underset{2}{4}}} = \dfrac{\boxed{} \times 3}{5 \times \boxed{}} = \boxed{}$

곱셈을 다 한 다음
약분하는 방법도 있어요.

$\dfrac{2}{5} \times \dfrac{3}{4} = \dfrac{\overset{3}{6}}{\underset{10}{20}} = \dfrac{3}{10}$

7 $\dfrac{7}{10} \times \dfrac{3}{14} =$

2 $\dfrac{5}{8} \times \dfrac{6}{7} = \dfrac{5 \times \boxed{}}{\boxed{} \times 7} = \boxed{}$

약분을 표시해 보세요~

8 $\dfrac{5}{6} \times \dfrac{9}{11} =$

3 $\dfrac{2}{3} \times \dfrac{7}{10} =$

9 $\dfrac{4}{15} \times \dfrac{3}{7} =$

4 $\dfrac{7}{8} \times \dfrac{3}{7} =$

10 $\dfrac{5}{8} \times \dfrac{9}{20} =$

5 $\dfrac{4}{9} \times \dfrac{3}{5} =$

11 $\dfrac{8}{11} \times \dfrac{5}{12} =$

6 $\dfrac{4}{7} \times \dfrac{5}{6} =$

12 $\dfrac{13}{14} \times \dfrac{3}{26} =$

❀ 계산하여 기약분수로 나타내세요.

약분할 때 분자끼리 약분하거나
분모끼리 약분하면 안 돼요~

❶ $\dfrac{\overset{1}{\cancel{3}}}{\underset{2}{14}} \times \dfrac{\overset{1}{\cancel{7}}}{\underset{3}{9}} = \dfrac{1 \times 1}{\square \times \square} = \dfrac{1}{\square}$

분자와 분모가 약분이 되는지
╳ 방향으로 확인해 봐요.

❼ $\dfrac{3}{16} \times \dfrac{4}{15} =$

❷ $\dfrac{3}{10} \times \dfrac{5}{12} =$

❽ $\dfrac{9}{20} \times \dfrac{5}{18} =$

❸ $\dfrac{4}{21} \times \dfrac{3}{16} =$

❾ $\dfrac{4}{9} \times \dfrac{15}{28} =$

❹ $\dfrac{5}{7} \times \dfrac{14}{25} =$

❿ $\dfrac{8}{21} \times \dfrac{7}{20} =$

❺ $\dfrac{5}{6} \times \dfrac{8}{15} =$

⓫ $\dfrac{7}{12} \times \dfrac{18}{35} =$

분수의 곱셈에서 약분을 빠르게 하는 꿀팁

작은 수로 여러 번 약분하는 것보다
분자와 분모의 최대공약수로 약분하면
약분하는 횟수가 줄어 계산이 빨라져요.

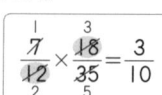

$\dfrac{\overset{1}{\cancel{7}}}{\underset{2}{\cancel{12}}} \times \dfrac{\overset{3}{\cancel{18}}}{\underset{5}{35}} = \dfrac{3}{10}$

❻ $\dfrac{11}{12} \times \dfrac{9}{22} =$

2로 약분하는 것보다 12와 18의
최대공약수인 6으로 약분하면 빨라요!

목표 시간
3분

❀ 계산하세요.

기억나죠? 대분수는 바로 곱할 수 없으니
가분수로 바꾼 다음 곱해 줘요.

가분수로 바꿔요.

① $\dfrac{2}{3} \times 1\dfrac{2}{5} = \dfrac{2}{3} \times \dfrac{\square}{5} = \boxed{}$

가분수로 바꿔요.

⑦ $1\dfrac{3}{4} \times \dfrac{5}{9} = \dfrac{\square}{4} \times \dfrac{5}{9} = \boxed{}$

② $\dfrac{1}{3} \times 2\dfrac{1}{2} =$

⑧ $3\dfrac{1}{3} \times \dfrac{2}{7} =$

③ $\dfrac{1}{2} \times 1\dfrac{2}{5} =$

⑨ $3\dfrac{4}{5} \times \dfrac{1}{6} =$

④ $\dfrac{1}{4} \times 1\dfrac{5}{6} =$

⑩ $1\dfrac{2}{9} \times \dfrac{5}{8} =$

⑤ $\dfrac{3}{8} \times 2\dfrac{1}{4} =$

⑪ $4\dfrac{1}{2} \times \dfrac{3}{4} =$

⑥ $\dfrac{5}{7} \times 2\dfrac{2}{3} =$

⑫ $1\dfrac{4}{7} \times \dfrac{4}{5} =$

※ 계산하여 기약분수로 나타내세요.

❶ $\frac{3}{5}\times1\frac{1}{4}=\frac{3}{\underset{1}{\cancel{5}}}\times\frac{\overset{1}{\cancel{5}}}{4}=\square$

대분수를 가분수로 바꾼 다음
약분이 되면 약분하고 곱해요.

❷ $\frac{5}{7}\times3\frac{1}{2}=$

❸ $\frac{2}{3}\times1\frac{1}{6}=$

❹ $\frac{7}{8}\times1\frac{1}{9}=$

❺ $\frac{5}{6}\times4\frac{2}{3}=$

❻ $\frac{4}{5}\times2\frac{6}{7}=$

❼ $4\frac{1}{2}\times\frac{2}{3}=$

❽ $1\frac{3}{4}\times\frac{2}{7}=$

❾ $2\frac{1}{5}\times\frac{5}{6}=$

❿ $3\frac{2}{3}\times\frac{8}{11}=$

⓫ $2\frac{1}{8}\times\frac{4}{5}=$

⓬ $5\frac{2}{5}\times\frac{4}{9}=$

약분할 때 분자끼리 약분하거나
분모끼리 약분하면 안 돼요~

25 대분수의 곱셈은 먼저 대분수를 모두 가분수로!

✖ 계산하세요.

> 먼저 두 대분수를 가분수로 바꾼 다음 곱해 줘요.

① 가분수로 바꿔요.

$1\dfrac{2}{3} \times 3\dfrac{1}{2} = \dfrac{\square}{3} \times \dfrac{\square}{2} = \dfrac{\square}{6} = \boxed{}$

⑦ $2\dfrac{1}{7} \times 1\dfrac{1}{2} =$

② $1\dfrac{1}{4} \times 1\dfrac{2}{3} =$

⑧ $1\dfrac{2}{5} \times 1\dfrac{5}{6} =$

③ $4\dfrac{1}{2} \times 1\dfrac{2}{5} =$

⑨ $2\dfrac{1}{4} \times 1\dfrac{1}{4} =$

④ $1\dfrac{1}{6} \times 1\dfrac{3}{4} =$

⑩ $1\dfrac{2}{9} \times 1\dfrac{2}{3} =$

⑤ $1\dfrac{1}{5} \times 1\dfrac{1}{7} =$

⑪ $3\dfrac{1}{2} \times 1\dfrac{3}{10} =$

⑥ $1\dfrac{5}{8} \times 1\dfrac{1}{2} =$

⑫ $1\dfrac{1}{8} \times 1\dfrac{2}{5} =$

※ 계산하세요.

❶ $3\frac{1}{2}\times1\frac{3}{4}=$

❷ $1\frac{2}{3}\times2\frac{2}{3}=$

❸ $1\frac{2}{5}\times1\frac{1}{2}=$

❹ $4\frac{1}{2}\times1\frac{4}{7}=$

❺ $1\frac{3}{4}\times1\frac{1}{8}=$

❻ $1\frac{3}{5}\times1\frac{1}{7}=$

❼ $1\frac{2}{3}\times1\frac{1}{9}=$

❽ $1\frac{2}{9}\times1\frac{3}{5}=$

❾ $1\frac{3}{8}\times1\frac{4}{5}=$

❿ $2\frac{1}{4}\times1\frac{2}{7}=$

⓫ $2\frac{1}{3}\times1\frac{3}{8}=$

⓬ $1\frac{5}{6}\times1\frac{1}{10}=$

 **26** 약분이 되는 대분수의 곱셈 연습

✂ 계산하여 기약분수로 나타내세요.

대분수를 가분수로 바꾼 다음
약분이 되면 약분해요.

❶ $1\dfrac{1}{4} \times 2\dfrac{1}{5} = \dfrac{5}{4} \times \dfrac{11}{5} = \dfrac{\boxed{}}{4} = \boxed{}$

가분수로 바꿔요.

❷ $5\dfrac{1}{3} \times 2\dfrac{1}{2} =$

❸ $2\dfrac{1}{2} \times 1\dfrac{4}{5} =$

❹ $1\dfrac{2}{7} \times 3\dfrac{1}{2} =$

❺ $1\dfrac{2}{3} \times 2\dfrac{1}{4} =$

❻ $1\dfrac{3}{4} \times 1\dfrac{2}{7} =$

❼ $1\dfrac{4}{5} \times 2\dfrac{1}{3} =$

❽ $1\dfrac{7}{8} \times 1\dfrac{2}{3} =$

❾ $3\dfrac{1}{3} \times 1\dfrac{3}{10} =$

❿ $1\dfrac{1}{2} \times 1\dfrac{3}{11} =$

⓫ $1\dfrac{1}{9} \times 1\dfrac{3}{5} =$

⓬ $3\dfrac{2}{3} \times 1\dfrac{7}{8} =$

주의! 대분수를 가분수로 바꾸지 않고
약분하면 계산 결과가 달라져요!

❈ 계산하여 기약분수로 나타내세요.

① $4\dfrac{1}{2} \times 2\dfrac{1}{3} =$

② $1\dfrac{5}{6} \times 1\dfrac{1}{5} =$

③ $1\dfrac{2}{3} \times 2\dfrac{1}{4} =$

④ $3\dfrac{3}{5} \times 1\dfrac{4}{9} =$

⑤ $2\dfrac{2}{5} \times 3\dfrac{1}{4} =$

⑥ $2\dfrac{1}{7} \times 1\dfrac{3}{5} =$

⑦ $1\dfrac{5}{6} \times 2\dfrac{4}{7} =$

⑧ $1\dfrac{7}{8} \times 1\dfrac{4}{5} =$

⑨ $1\dfrac{2}{11} \times 7\dfrac{1}{3} =$

⑩ $1\dfrac{3}{14} \times 5\dfrac{3}{5} =$

친구들이 자주 틀리는 문제! 앗! 실수

⑪ $5\dfrac{7}{9} \times 1\dfrac{1}{13} =$

⑫ $1\dfrac{2}{17} \times 7\dfrac{5}{9} =$

27 대분수의 곱셈 연습 한 번 더!

목표 시간 4분

※ 계산하여 기약분수로 나타내세요.

대분수를 가분수로 바꾼 다음
곱하기 전에 약분해 보세요.
계산이 쉬워질 거예요!

❶ $2\frac{2}{3}\times1\frac{7}{8}=$

❷ $7\frac{1}{2}\times3\frac{1}{5}=$

❸ $1\frac{1}{6}\times1\frac{3}{7}=$

❹ $4\frac{2}{9}\times2\frac{1}{4}=$

❺ $1\frac{1}{5}\times2\frac{2}{9}=$

❻ $1\frac{5}{6}\times2\frac{1}{4}=$

❼ $2\frac{5}{8}\times1\frac{1}{7}=$

❽ $1\frac{3}{5}\times2\frac{1}{6}=$

❾ $5\frac{5}{6}\times1\frac{4}{5}=$

❿ $6\frac{2}{3}\times2\frac{1}{10}=$

⓫ $1\frac{5}{11}\times2\frac{3}{4}=$

⓬ $2\frac{1}{7}\times5\frac{4}{9}=$

목표 시간 4분

※ 계산하여 기약분수로 나타내세요.

대분수를 가분수로 바꾼 다음 약분하는 과정에서 실수하지 않도록 주의해요.

❶ $4\frac{1}{8}\times2\frac{2}{3}=$

❷ $2\frac{4}{5}\times3\frac{4}{7}=$

❸ $3\frac{1}{8}\times4\frac{4}{5}=$

❹ $3\frac{3}{7}\times1\frac{3}{4}=$

❺ $2\frac{4}{9}\times5\frac{1}{4}=$

❻ $3\frac{3}{8}\times2\frac{2}{9}=$

❼ $2\frac{1}{10}\times2\frac{6}{7}=$

❽ $2\frac{1}{3}\times1\frac{1}{14}=$

❾ $4\frac{1}{2}\times1\frac{7}{15}=$

친구들이 자주 틀리는 문제! 앗! 실수

⑩ $1\frac{11}{13}\times8\frac{1}{8}=$

⑪ $1\frac{2}{19}\times8\frac{4}{9}=$

내가 틀린 문제 한 번 더 풀기

$\square\times\square=\square$

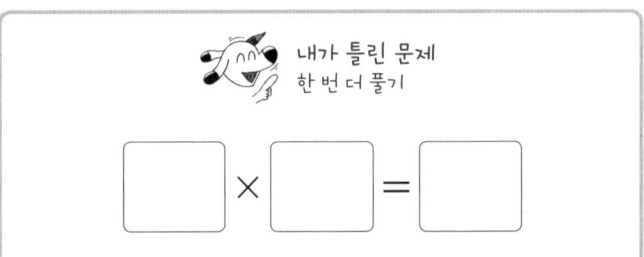

 세 진분수의 곱셈도 분자끼리, 분모끼리 곱하자

목표 시간
☺ 3분 ⏲

❀ 계산하여 기약분수로 나타내세요.

> 세 진분수의 곱셈은 분자까리, 분모끼리 한꺼번에 곱하면 더 편리해요.

1 $\dfrac{1}{2} \times \dfrac{1}{3} \times \dfrac{1}{4} = \dfrac{\overset{\text{분자끼리 곱해요.}}{1 \times 1 \times 1}}{\underset{\text{분모끼리 곱해요.}}{2 \times 3 \times \boxed{}}} = \boxed{}$

> 앞의 두 수를 먼저 곱하는 방법도 있어요.
> $\dfrac{1}{2} \times \dfrac{1}{3} \times \dfrac{1}{4} = \dfrac{1}{6} \times \dfrac{1}{4} = \dfrac{1}{24}$

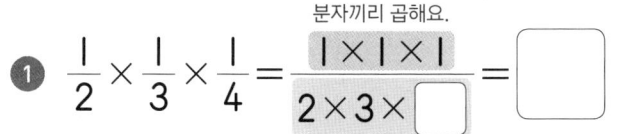

7 $\dfrac{2}{3} \times \dfrac{1}{7} \times \dfrac{1}{\underset{2}{4}} = \dfrac{\boxed{} \times 1 \times 1}{3 \times 7 \times \boxed{}} = \boxed{}$

> 곱셈을 하기 전에 약분을 먼저 하면 수가 간단해져서 계산이 쉬워요.

2 $\dfrac{1}{3} \times \dfrac{1}{4} \times \dfrac{1}{5} =$

8 $\dfrac{1}{2} \times \dfrac{1}{9} \times \dfrac{4}{5} =$

3 $\dfrac{5}{6} \times \dfrac{1}{2} \times \dfrac{1}{3} =$

9 $\dfrac{1}{4} \times \dfrac{2}{3} \times \dfrac{1}{8} =$

4 $\dfrac{1}{2} \times \dfrac{3}{4} \times \dfrac{1}{5} =$

10 $\dfrac{3}{5} \times \dfrac{1}{6} \times \dfrac{1}{3} =$

5 $\dfrac{1}{4} \times \dfrac{1}{2} \times \dfrac{7}{8} =$

11 $\dfrac{1}{9} \times \dfrac{5}{6} \times \dfrac{1}{5} =$

6 $\dfrac{4}{5} \times \dfrac{1}{3} \times \dfrac{1}{7} =$

12 $\dfrac{4}{7} \times \dfrac{1}{2} \times \dfrac{1}{8} =$

[세 분수의 곱셈이라서 어려워 보이지만 약분되는 것이 많아
보기보다 쉽습니다. 겁먹지 말고 차근차근 계산해 보세요.]

✿ 계산하여 기약분수로 나타내세요.

1 $\dfrac{1}{3} \times \dfrac{2}{5} \times \dfrac{5}{6} = \dfrac{1 \times \boxed{} \times 1}{3 \times 1 \times \boxed{}} = \boxed{}$

분자와 분모가 약분이 되는지
╳ 방향으로 확인해 봐요.

7 $\dfrac{2}{3} \times \dfrac{3}{8} \times \dfrac{1}{7} =$

2 $\dfrac{3}{4} \times \dfrac{2}{3} \times \dfrac{1}{5} =$

8 $\dfrac{1}{6} \times \dfrac{2}{9} \times \dfrac{3}{5} =$

3 $\dfrac{4}{7} \times \dfrac{1}{2} \times \dfrac{5}{9} =$

9 $\dfrac{2}{5} \times \dfrac{3}{8} \times \dfrac{4}{9} =$

4 $\dfrac{1}{2} \times \dfrac{4}{5} \times \dfrac{5}{7} =$

10 $\dfrac{2}{9} \times \dfrac{4}{5} \times \dfrac{5}{12} =$

5 $\dfrac{4}{9} \times \dfrac{3}{4} \times \dfrac{1}{6} =$

11 $\dfrac{6}{7} \times \dfrac{1}{8} \times \dfrac{7}{12} =$

6 $\dfrac{4}{5} \times \dfrac{1}{9} \times \dfrac{3}{4} =$

세 분수의 곱셈 계산이 빨라지는 꿀팁
분자와 분모의 최대공약수가 큰 것부터
먼저 찾아 약분해요! 약분하는 횟수가
줄어서 계산이 빨라져요.

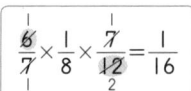

$\dfrac{6}{7} \times \dfrac{1}{8} \times \dfrac{7}{12} = \dfrac{1}{16}$

6과 8의 최대공약수: 2
6과 12의 최대공약수: 6
➡ 2<6이니까 6과 12를 먼저 약분하면 빨라요!

29 세 진분수의 곱셈 집중 연습

목표 시간 3분

계산하여 기약분수로 나타내세요.

① $\frac{2}{3} \times \frac{3}{4} \times \frac{5}{7} =$

② $\frac{3}{5} \times \frac{5}{6} \times \frac{7}{8} =$

③ $\frac{3}{4} \times \frac{5}{6} \times \frac{4}{9} =$

④ $\frac{2}{5} \times \frac{5}{9} \times \frac{3}{8} =$

⑤ $\frac{5}{6} \times \frac{2}{7} \times \frac{3}{4} =$

⑥ $\frac{3}{5} \times \frac{2}{9} \times \frac{5}{7} =$

⑦ $\frac{3}{8} \times \frac{5}{6} \times \frac{4}{7} =$

⑧ $\frac{2}{3} \times \frac{5}{7} \times \frac{7}{10} =$

⑨ $\frac{4}{5} \times \frac{3}{8} \times \frac{5}{7} =$

⑩ $\frac{5}{6} \times \frac{4}{9} \times \frac{3}{10} =$

⑪ $\frac{4}{7} \times \frac{7}{12} \times \frac{5}{8} =$

⑫ $\frac{8}{9} \times \frac{3}{7} \times \frac{3}{4} =$

목표 시간 3분

계산하여 기약분수로 나타내세요.

1. $\dfrac{3}{4} \times \dfrac{2}{5} \times \dfrac{7}{12} =$

2. $\dfrac{3}{8} \times \dfrac{2}{5} \times \dfrac{4}{15} =$

3. $\dfrac{5}{6} \times \dfrac{9}{10} \times \dfrac{3}{4} =$

4. $\dfrac{4}{7} \times \dfrac{5}{8} \times \dfrac{14}{25} =$

5. $\dfrac{4}{9} \times \dfrac{5}{7} \times \dfrac{3}{20} =$

6. $\dfrac{5}{8} \times \dfrac{3}{5} \times \dfrac{4}{11} =$

7. $\dfrac{4}{5} \times \dfrac{9}{10} \times \dfrac{2}{3} =$

8. $\dfrac{5}{7} \times \dfrac{7}{15} \times \dfrac{2}{9} =$

9. $\dfrac{9}{20} \times \dfrac{5}{8} \times \dfrac{2}{3} =$

10. $\dfrac{5}{11} \times \dfrac{8}{15} \times \dfrac{5}{24} =$

친구들이 자주 틀리는 문제! 앗! 실수

11. $\dfrac{2}{9} \times \dfrac{7}{12} \times \dfrac{9}{14} =$

조심! 약분이 여러 번 있으니 주의하세요.

12. $\dfrac{7}{10} \times \dfrac{16}{21} \times \dfrac{3}{4} =$

30 분자와 분모를 약분! 자연수와 분모를 약분!

✂ 계산하여 기약분수로 나타내세요.

먼저 분자와 분모를 약분하거나 자연수와 분모를 약분해 봐요.

① $5 \times \dfrac{1}{2} \times \dfrac{2}{3} = \dfrac{\boxed{5}}{1} \times \dfrac{1}{2} \times \dfrac{2}{3}$

$= \dfrac{\boxed{}}{3} = \boxed{}$

(자연수)는 $\dfrac{(자연수)}{1}$ 로 나타낼 수 있어요.
세 분자의 곱셈으로 풀어도 좋아요.

⑦ $6 \times \dfrac{1}{2} \times \dfrac{5}{9} =$

② $2 \times \dfrac{3}{4} \times \dfrac{3}{5} =$

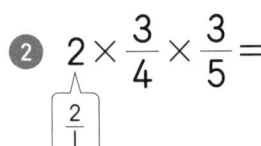

⑧ $\dfrac{1}{4} \times 3 \times \dfrac{4}{9} =$

③ $\dfrac{5}{6} \times 2 \times \dfrac{3}{7} =$

⑨ $\dfrac{3}{7} \times \dfrac{7}{10} \times 5 =$

④ $\dfrac{2}{5} \times 4 \times \dfrac{5}{8} =$

⑩ $9 \times \dfrac{3}{5} \times \dfrac{4}{9} =$

⑤ $\dfrac{1}{2} \times \dfrac{3}{4} \times 6 =$

⑪ $\dfrac{3}{8} \times 5 \times \dfrac{4}{5} =$

⑥ $\dfrac{2}{3} \times \dfrac{5}{8} \times 4 =$

⑫ $\dfrac{5}{9} \times \dfrac{3}{10} \times 8 =$

❈ 계산하여 기약분수로 나타내세요.

① $\dfrac{2}{9} \times \dfrac{3}{14} \times 7 =$

② $\dfrac{3}{7} \times 15 \times \dfrac{2}{9} =$

③ $5 \times \dfrac{3}{4} \times \dfrac{5}{12} =$

④ $\dfrac{2}{3} \times \dfrac{7}{8} \times 12 =$

⑤ $\dfrac{5}{14} \times 8 \times \dfrac{7}{10} =$

⑥ $\dfrac{4}{7} \times \dfrac{3}{16} \times 12 =$

⑦ $\dfrac{9}{10} \times \dfrac{5}{12} \times 8 =$

⑧ $\dfrac{2}{5} \times 10 \times \dfrac{3}{8} =$

⑨ $\dfrac{9}{14} \times \dfrac{7}{12} \times 16 =$

⑩ $6 \times \dfrac{8}{15} \times \dfrac{3}{14} =$

⑪ $\dfrac{5}{6} \times 4 \times \dfrac{3}{20} =$

⑫ $\dfrac{18}{25} \times \dfrac{5}{9} \times 15 =$

✕ 계산하여 기약분수로 나타내세요.

① $2\dfrac{1}{2} \times \dfrac{1}{3} \times \dfrac{2}{5} = \dfrac{\overset{1}{\cancel{5}}}{\underset{1}{\cancel{2}}} \times \dfrac{1}{3} \times \dfrac{\overset{1}{\cancel{2}}}{\underset{1}{\cancel{5}}} = \dfrac{\square}{3}$

> 대분수가 있으면 가분수로
> 바꾸는 게 먼저예요.

② $\dfrac{2}{3} \times 1\dfrac{3}{5} \times \dfrac{5}{8} =$

③ $\dfrac{2}{7} \times \dfrac{1}{3} \times 3\dfrac{1}{2} =$

④ $1\dfrac{1}{4} \times \dfrac{2}{3} \times \dfrac{3}{10} =$

⑤ $\dfrac{6}{7} \times \dfrac{2}{9} \times 4\dfrac{1}{2} =$

⑥ $\dfrac{5}{6} \times 2\dfrac{1}{4} \times \dfrac{2}{5} =$

⑦ $6\dfrac{2}{3} \times \dfrac{3}{5} \times \dfrac{1}{4} =$

⑧ $\dfrac{5}{9} \times \dfrac{2}{7} \times 3\dfrac{3}{5} =$

⑨ $\dfrac{1}{5} \times 3\dfrac{3}{4} \times \dfrac{2}{3} =$

⑩ $\dfrac{4}{7} \times \dfrac{3}{8} \times 1\dfrac{3}{11} =$

⑪ $\dfrac{5}{8} \times 3\dfrac{1}{5} \times \dfrac{3}{4} =$

⑫ $7\dfrac{1}{2} \times \dfrac{2}{5} \times \dfrac{3}{7} =$

❀ 계산하여 기약분수로 나타내세요.

① $1\dfrac{1}{2} \times 1\dfrac{1}{3} \times \dfrac{5}{7} =$

② $\dfrac{3}{5} \times 4\dfrac{1}{2} \times 1\dfrac{2}{3} =$

③ $\dfrac{1}{4} \times 3\dfrac{1}{8} \times 2\dfrac{2}{5} =$

④ $3\dfrac{3}{4} \times \dfrac{2}{5} \times 2\dfrac{1}{3} =$

⑤ $1\dfrac{7}{8} \times \dfrac{9}{10} \times 5\dfrac{1}{3} =$

⑥ $1\dfrac{1}{11} \times 2\dfrac{3}{4} \times \dfrac{3}{4} =$

⑦ $\dfrac{3}{8} \times 1\dfrac{1}{4} \times 2\dfrac{2}{3} =$

⑧ $2\dfrac{1}{4} \times 4\dfrac{1}{5} \times \dfrac{4}{7} =$

⑨ $1\dfrac{3}{7} \times 5\dfrac{1}{2} \times \dfrac{7}{11} =$

⑩ $\dfrac{2}{9} \times 6\dfrac{1}{4} \times 1\dfrac{4}{5} =$

친구들이 자주 틀리는 문제! 앗! 실수

⑪ $\dfrac{10}{21} \times 1\dfrac{7}{8} \times 3\dfrac{1}{9} =$

⑫ $2\dfrac{1}{10} \times 1\dfrac{3}{4} \times \dfrac{8}{15} =$

32 여러 가지 분수의 곱셈 완벽하게 끝내기

목표 시간 3분

여기까지 오다니 정말 대단해요!
여러 가지 분수의 곱셈을 모아
풀면서 완벽하게 마무리해 봐요~

※ 계산하여 기약분수로 나타내세요.

❶ $\frac{5}{12}\times15=$

❷ $1\frac{3}{4}\times8=$

❸ $28\times\frac{3}{14}=$

❹ $10\times1\frac{2}{15}=$

❺ $\frac{6}{7}\times\frac{7}{10}=$

❻ $\frac{1}{6}\times6\frac{2}{3}=$

❼ $3\frac{1}{9}\times\frac{6}{7}=$

❽ $1\frac{7}{8}\times3\frac{1}{3}=$

❾ $\frac{4}{7}\times\frac{7}{8}\times\frac{5}{6}=$

❿ $\frac{2}{5}\times6\times\frac{5}{8}=$

⓫ $\frac{3}{4}\times\frac{1}{9}\times1\frac{3}{5}=$

⓬ $3\frac{1}{5}\times1\frac{7}{8}\times\frac{3}{4}=$

※ 빈칸에 알맞은 수를 써넣으세요.

❶ 8 → $\times\frac{3}{4}$ → ☐ → $\times\frac{5}{12}$ → ☐ → $\times\frac{4}{15}$ → ☐

❷ $\frac{2}{9}$ → $\times 6$ → ☐ → $\times\frac{7}{8}$ → ☐ → $\times\frac{3}{14}$ → ☐

❸ $\frac{5}{11}$ → $\times 1\frac{2}{9}$ → ☐ → $\times 1\frac{1}{5}$ → ☐ → $\times 2\frac{1}{7}$ → ☐

❹ $1\frac{1}{2}$ → $\times 3\frac{3}{5}$ → $\times\frac{5}{9}$ → ☐

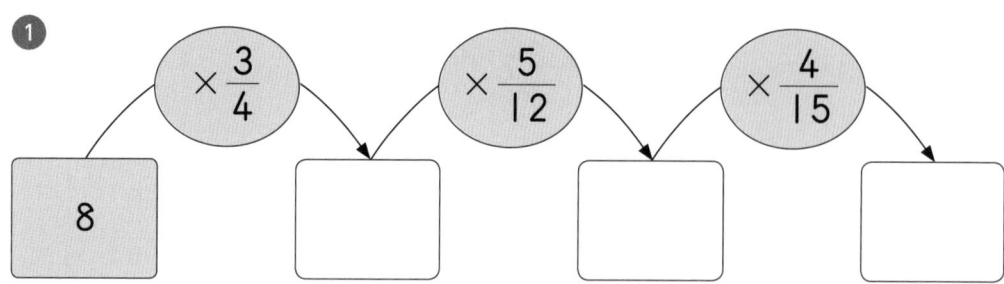

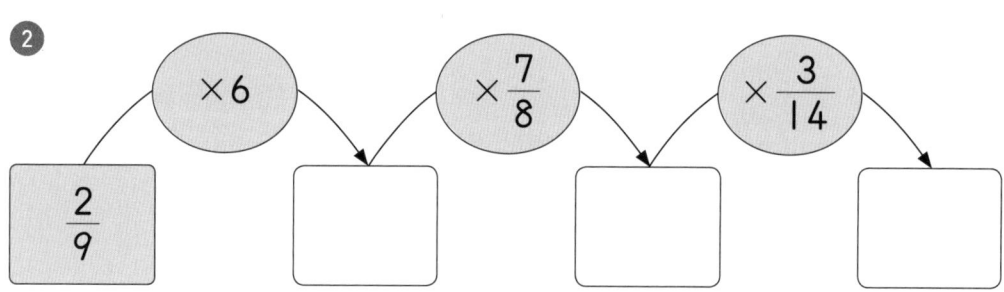

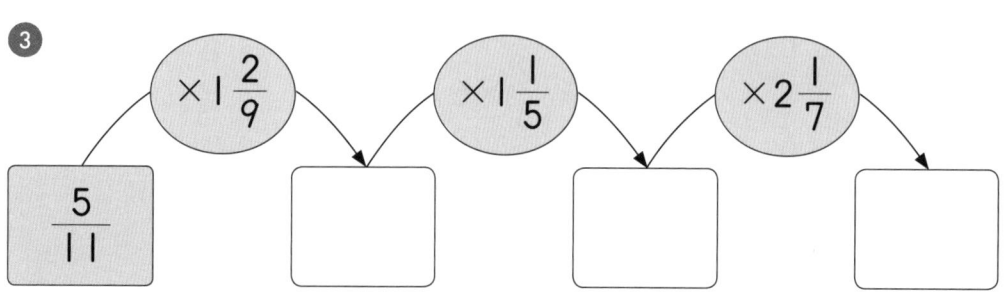

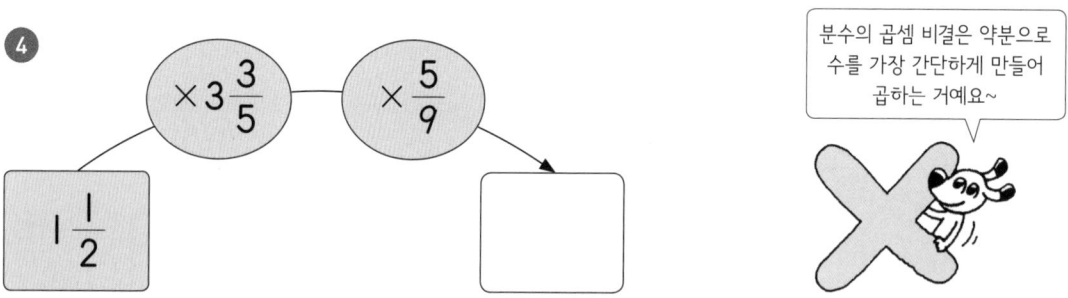

분수의 곱셈 비결은 약분으로
수를 가장 간단하게 만들어
곱하는 거예요~

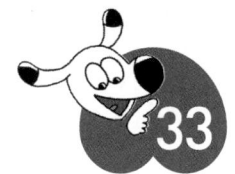

33 생활 속 연산 — 분수의 곱셈

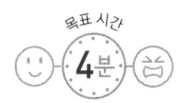

목표 시간 4분

그림을 보고 □ 안에 알맞은 수를 써넣으세요.

1

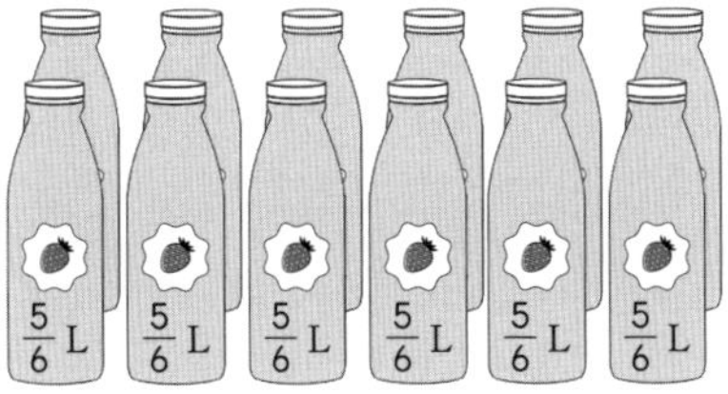

한 병에 $\frac{5}{6}$ L씩 들어 있는 주스를 12병 샀습니다.

12병에 들어 있는 주스의 양은 모두 □ L입니다.

2

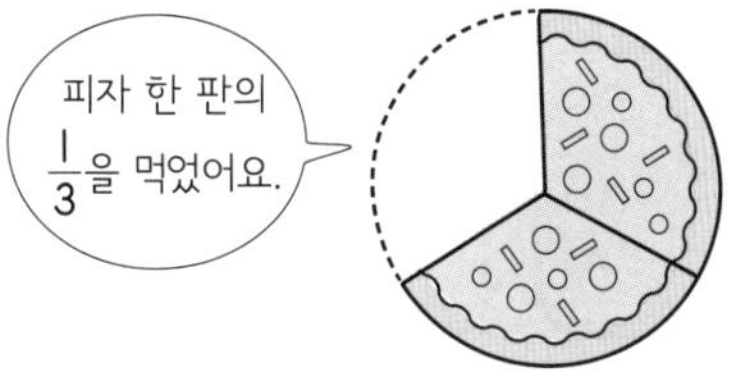

슬기가 먹고 남은 피자

슬기는 피자 한 판의 $\frac{1}{3}$을 먹었고 동생은 남은 피자의 $\frac{3}{4}$을 먹었습니다. 동생이 먹은 피자는 전체의 □ 입니다.

3

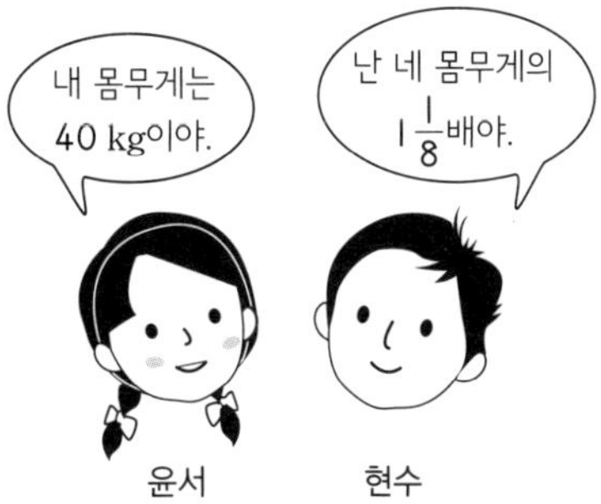

현수의 몸무게는 윤서의 몸무게의 $1\frac{1}{8}$배입니다.

현수의 몸무게는 □ kg입니다.

4

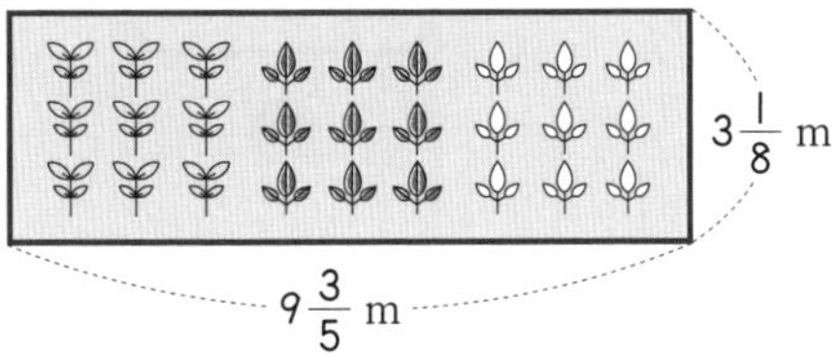

시우네 가족이 가꾸는 주말 농장의 텃밭은 가로가 $9\frac{3}{5}$ m, 세로가 $3\frac{1}{8}$ m인 직사각형 모양입니다.

이 텃밭의 넓이는 □ m^2입니다.

❀ 동물들이 사다리 타기 게임을 하고 있습니다. 분수의 계산을 하고 사다리를 타고 내려가서 도착한 곳에 기약분수로 써넣으세요.

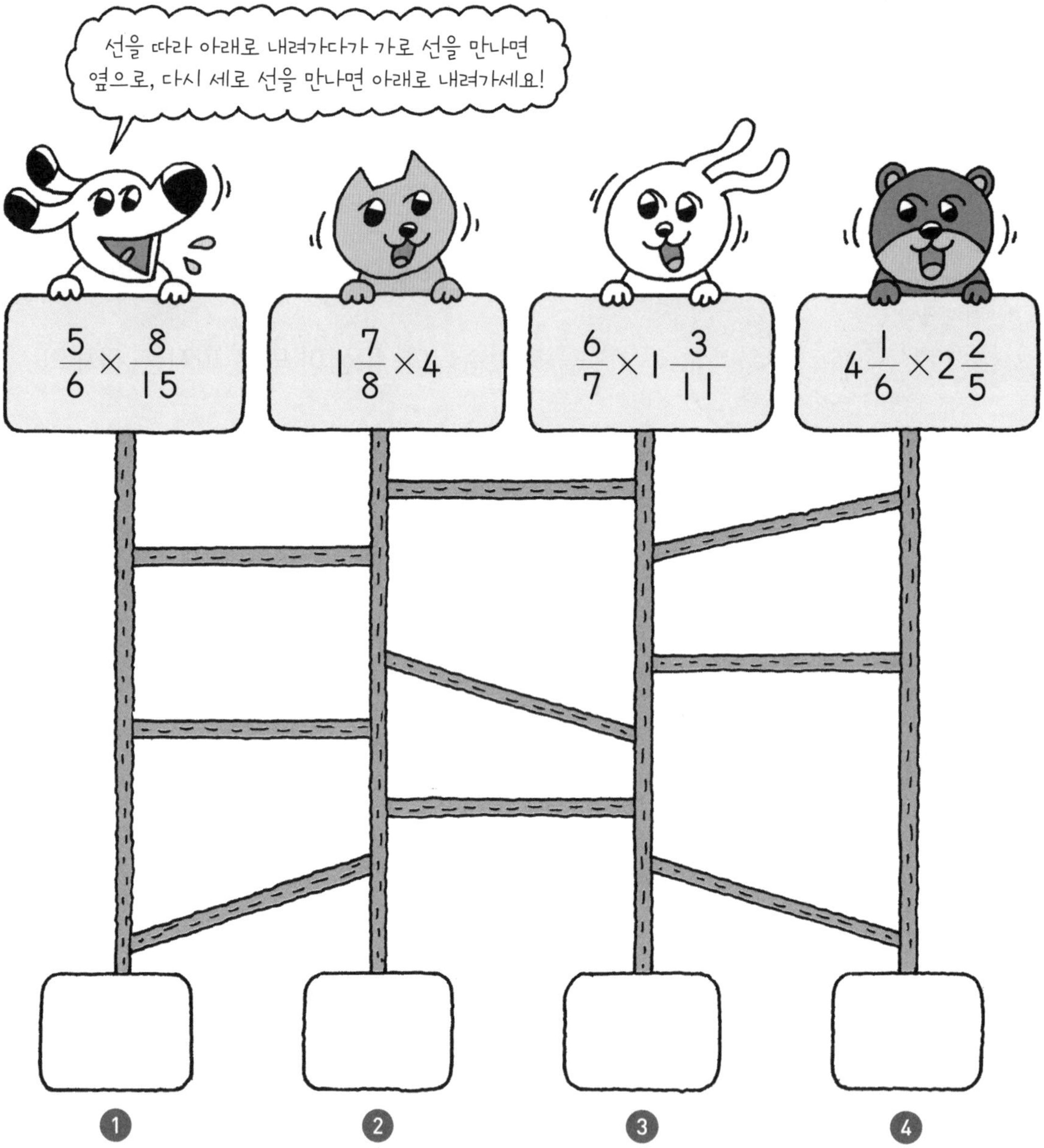

선을 따라 아래로 내려가다가 가로 선을 만나면 옆으로, 다시 세로 선을 만나면 아래로 내려가세요!

$$\frac{5}{6} \times \frac{8}{15}$$

$$1\frac{7}{8} \times 4$$

$$\frac{6}{7} \times 1\frac{3}{11}$$

$$4\frac{1}{6} \times 2\frac{2}{5}$$

❶ ❷ ❸ ❹

계산 결과가 가분수이면 대분수로 바꾸어 나타내세요~

수고했어~
여기 꿀떡!

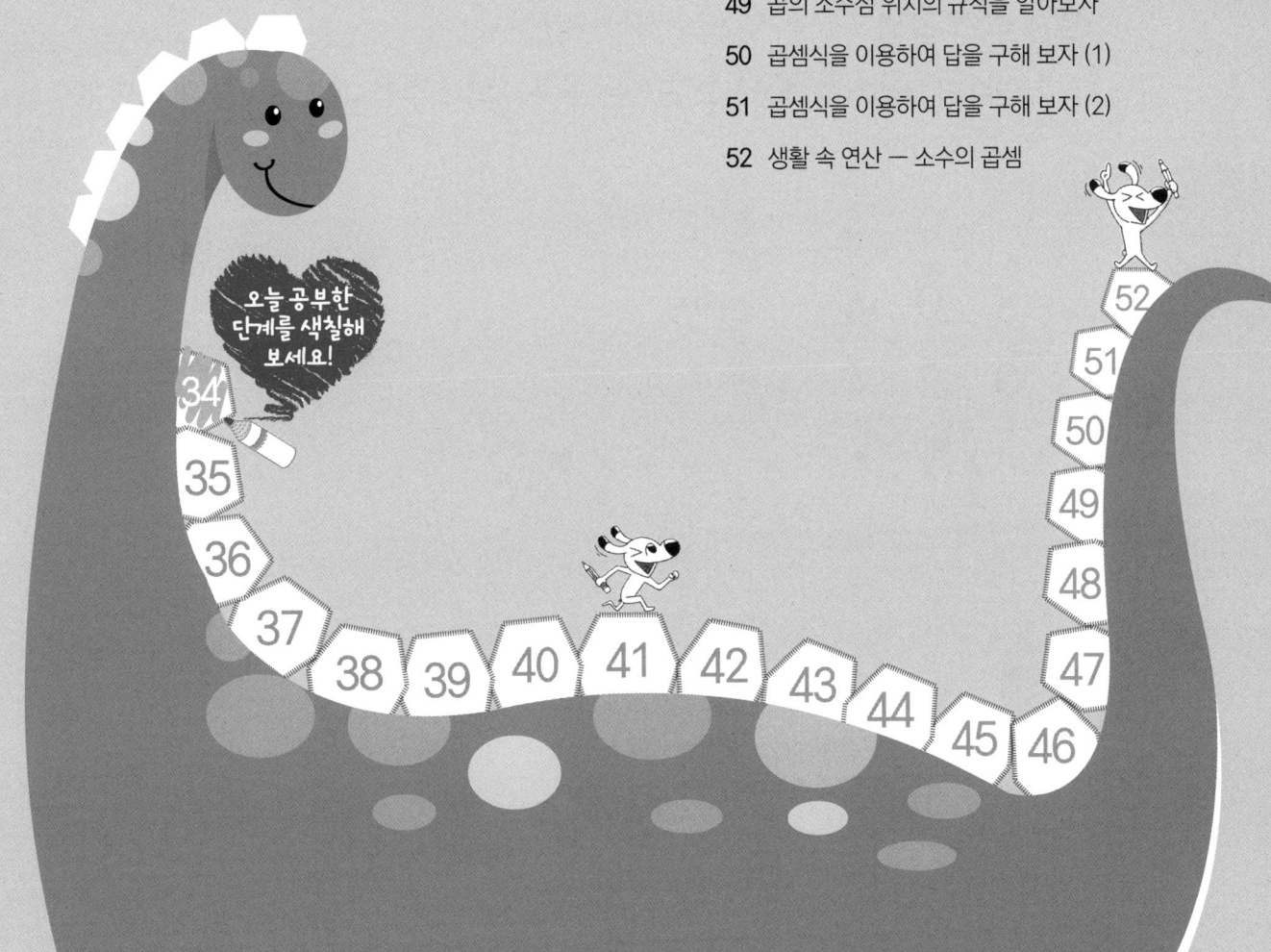

오늘 공부한 단계를 색칠해 보세요!

34 35 36 37 38 39 40 41 42 43 44 45 46 47 48 49 50 51 52

☆ 소수와 자연수의 곱셈

자연수의 곱셈처럼 계산하고 곱해지는 소수의 소수점 위치에 맞추어 소수점을
찍습니다.

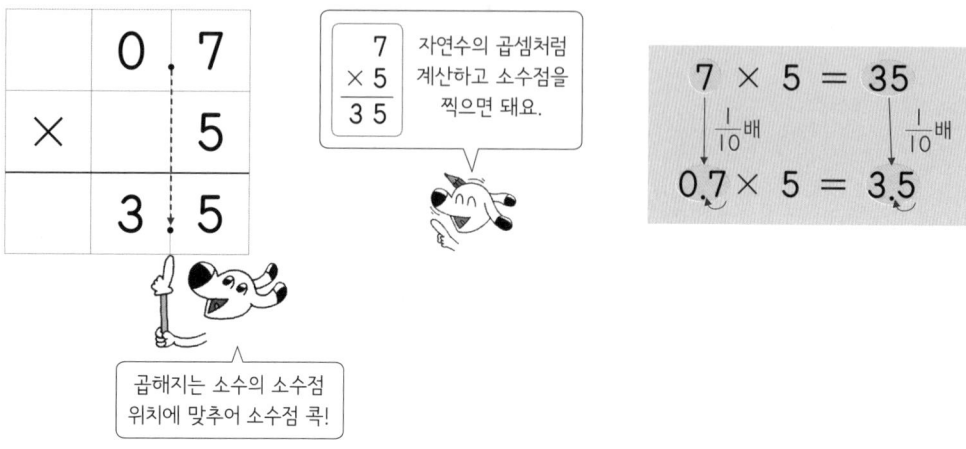

곱해지는 소수의 소수점
위치에 맞추어 소수점 콕!

☆ 소수의 곱셈

자연수의 곱셈처럼 계산하고 곱하는 두 소수의 소수점 아래 자리 수의 합만큼
소수점을 찍습니다.

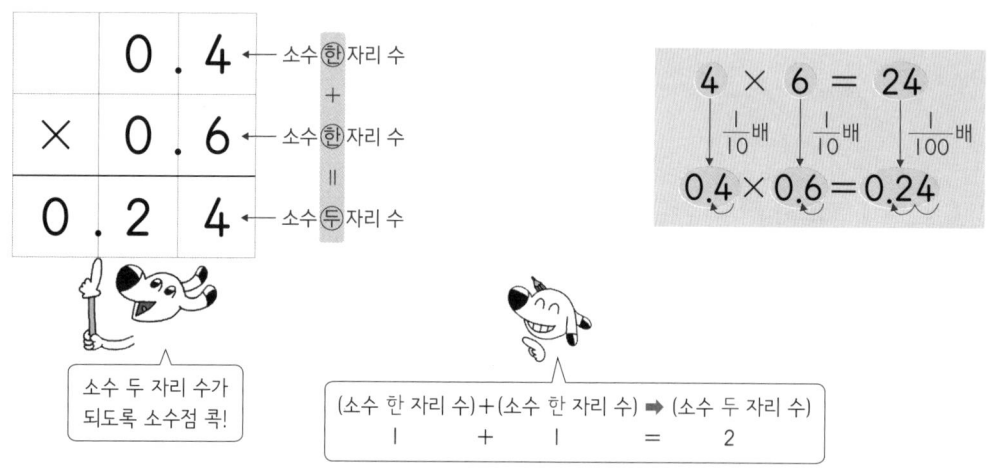

소수 두 자리 수가
되도록 소수점 콕!

(소수 한 자리 수)+(소수 한 자리 수) ➡ (소수 두 자리 수)
  1   +   1   =   2

잠깐! 퀴즈

0.3×0.8의 값은 얼마일까요?

① 0.024   ② 0.24

34 소수의 곱셈은 분수의 곱셈으로 풀 수 있어

✂️ 분수의 곱셈으로 계산하세요.

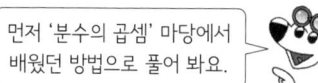
먼저 '분수의 곱셈' 마당에서 배웠던 방법으로 풀어 봐요.

① $0.7 \times 8 = \dfrac{\boxed{}}{10} \times 8 = \dfrac{\boxed{} \times 8}{10} = \dfrac{\boxed{}}{10} = \boxed{}$

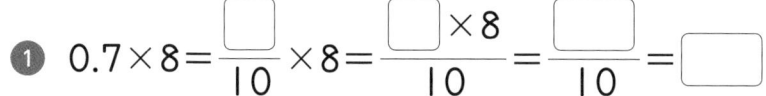
소수를 분모가 10, 100인 분수로 바꾸어 곱한 다음 다시 소수로 나타내세요.

② $0.36 \times 4 = \dfrac{\boxed{}}{100} \times 4 = \dfrac{\boxed{} \times 4}{100} = \dfrac{\boxed{}}{100} = \boxed{}$

③ $2.9 \times 5 =$

④ $1.84 \times 3 =$

⑤ $9 \times 0.6 =$

⑥ $7 \times 0.14 =$

⑦ $8 \times 1.7 =$

⑧ $5 \times 3.29 =$

소수의 곱셈을 하는 방법 중 하나는 소수를 분수로 바꾸어 분수의 곱셈으로 계산하는 방법입니다. 이때 계산 결과는 다시 소수로 나타내어야 합니다.

❈ 분수의 곱셈으로 계산하세요.

1 $0.9 \times 0.5 = \dfrac{\boxed{}}{10} \times \dfrac{\boxed{}}{10} = \dfrac{\boxed{}}{100} = \boxed{}$

2 $0.13 \times 0.8 = \dfrac{\boxed{}}{100} \times \dfrac{\boxed{}}{10} = \dfrac{\boxed{}}{1000} = \boxed{}$

3 $0.4 \times 0.52 =$

4 $0.75 \times 0.14 =$

5 $1.5 \times 2.3 =$

6 $2.46 \times 3.5 =$

7 $3.8 \times 1.04 =$

8 $5.08 \times 4.21 =$

35 1보다 작은 소수와 자연수의 곱셈

✂ 계산하세요.

> 2
> × 6
> 자연수의 곱셈처럼 계산하고 소수점을 찍어 보세요.

❶
$$\begin{array}{r} 0.2 \\ \times\ \ \ 6 \\ \hline \end{array}$$

1.2

곱해지는 소수의 소수점 위치에 맞추어 소수점 콕!

❺
$$\begin{array}{r} 0.6 \\ \times\ \ \ 4 \\ \hline \end{array}$$

❾
$$\begin{array}{r} 0.5 \\ \times\ \ \ 8 \\ \hline \end{array}$$

❷
$$\begin{array}{r} 0.5 \\ \times\ \ \ 4 \\ \hline \end{array}$$

소수점 아래 마지막 0은 생략할 수 있어요.

❻
$$\begin{array}{r} 0.9 \\ \times\ \ \ 5 \\ \hline \end{array}$$

❿
$$\begin{array}{r} 0.2 \\ \times\ \ 3\ 6 \\ \hline \end{array}$$

❸
$$\begin{array}{r} 0.4 \\ \times\ \ \ 9 \\ \hline \end{array}$$

❼
$$\begin{array}{r} 0.7 \\ \times\ \ \ 9 \\ \hline \end{array}$$

⓫
$$\begin{array}{r} 0.6 \\ \times\ \ 2\ 7 \\ \hline \end{array}$$

❹
$$\begin{array}{r} 0.3 \\ \times\ \ \ 8 \\ \hline \end{array}$$

❽
$$\begin{array}{r} 0.8 \\ \times\ \ \ 6 \\ \hline \end{array}$$

⓬
$$\begin{array}{r} 0.9 \\ \times\ \ 1\ 2 \\ \hline \end{array}$$

목표 시간 **3분**

計산하세요.

이렇게 기억하면 편리해요!
곱하는 두 수 중 하나가 소수이면
답은 그 소수점 위치에 맞추어 찍어요.

①

$$\begin{array}{r} 0.07 \\ \times \quad 6 \\ \hline 0.42 \end{array}$$

0.07의 소수점 위치에
맞추어 소수점 콕!

⑤

$$\begin{array}{r} 0.26 \\ \times \quad 7 \\ \hline \end{array}$$

⑨

$$\begin{array}{r} 0.75 \\ \times \quad 9 \\ \hline \end{array}$$

②

$$\begin{array}{r} 0.08 \\ \times \quad 34 \\ \hline \end{array}$$

⑥

$$\begin{array}{r} 0.53 \\ \times \quad 8 \\ \hline \end{array}$$

⑩

$$\begin{array}{r} 0.94 \\ \times \quad 6 \\ \hline \end{array}$$

③

$$\begin{array}{r} 0.06 \\ \times \quad 53 \\ \hline \end{array}$$

⑦

$$\begin{array}{r} 0.65 \\ \times \quad 5 \\ \hline \end{array}$$

⑪

$$\begin{array}{r} 0.35 \\ \times \quad 14 \\ \hline \end{array}$$

④

$$\begin{array}{r} 0.09 \\ \times \quad 48 \\ \hline \end{array}$$

⑧

$$\begin{array}{r} 0.82 \\ \times \quad 3 \\ \hline \end{array}$$

⑫

$$\begin{array}{r} 0.48 \\ \times \quad 32 \\ \hline \end{array}$$

36 곱해지는 소수와 같은 위치에 소수점을 콕 찍자

목표 시간
3분

❀ 계산하세요.

①
$$
\begin{array}{r}
0.7 \\
\times \quad 6 \\
\hline
\end{array}
$$

⑤
$$
\begin{array}{r}
0.05 \\
\times \quad 37 \\
\hline
\end{array}
$$

⑨
$$
\begin{array}{r}
0.46 \\
\times \quad 58 \\
\hline
\end{array}
$$

②
$$
\begin{array}{r}
0.9 \\
\times \quad 5 \\
\hline
\end{array}
$$

⑥
$$
\begin{array}{r}
0.32 \\
\times \quad 9 \\
\hline
\end{array}
$$

⑩
$$
\begin{array}{r}
0.64 \\
\times \quad 43 \\
\hline
\end{array}
$$

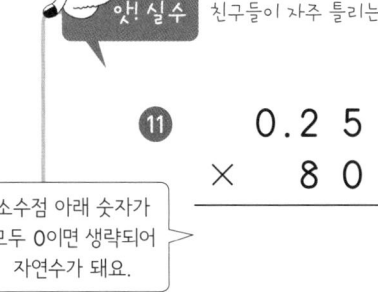
앗! 실수 친구들이 자주 틀리는 문제

③
$$
\begin{array}{r}
0.4 \\
\times \quad 23 \\
\hline
\end{array}
$$

⑦
$$
\begin{array}{r}
0.73 \\
\times \quad 8 \\
\hline
\end{array}
$$

⑪
$$
\begin{array}{r}
0.25 \\
\times \quad 80 \\
\hline
\end{array}
$$

소수점 아래 숫자가
모두 0이면 생략되어
자연수가 돼요.

④
$$
\begin{array}{r}
0.6 \\
\times \quad 14 \\
\hline
\end{array}
$$

⑧
$$
\begin{array}{r}
0.59 \\
\times \quad 16 \\
\hline
\end{array}
$$

⑫
$$
\begin{array}{r}
0.68 \\
\times \quad 75 \\
\hline
\end{array}
$$

정확한 계산도 중요하지만 소수점을
바르게 찍는 것도 중요해요!

소수의 곱셈을 세로로 계산할 때 자릿수와 상관없이 오른쪽 끝을 맞추어 씁니다. 자연수의 곱셈처럼 계산하고 소수점을 꼭 찍도록 하세요.

목표 시간 **3분**

� 계산하세요.

1 $0.6 \times 9 = 5.4$

0.6과 같은 위치에 소수점을 찍어요.

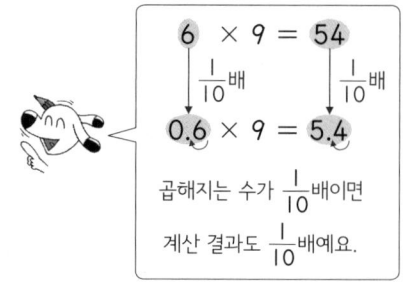

$6 \times 9 = 54$

$\frac{1}{10}$배　　　$\frac{1}{10}$배

$0.6 \times 9 = 5.4$

곱해지는 수가 $\frac{1}{10}$배이면

계산 결과도 $\frac{1}{10}$배예요.

2 $0.3 \times 25 =$

3 $0.07 \times 12 =$

4 $0.12 \times 6 =$

5 $0.33 \times 8 =$

6 $0.57 \times 6 =$

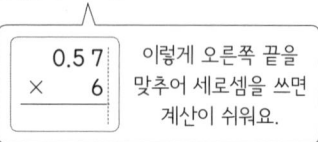

이렇게 오른쪽 끝을 맞추어 세로셈을 쓰면 계산이 쉬워요.

7 $0.67 \times 4 =$

8 $0.29 \times 32 =$

9 $0.53 \times 17 =$

친구들이 자주 틀리는 문제!　앗! 실수

10 $0.75 \times 48 =$

11 $0.84 \times 25 =$

37 1보다 큰 소수와 자연수의 곱셈

목표 시간

3분

✿ 계산하세요.

자연수의 곱셈처럼 계산하고
소수점을 알맞게 찍어 보세요.

①
$$
\begin{array}{r}
1.2 \\
\times \quad 3 \\
\hline
\end{array}
$$

곱해지는 소수의 소수점
위치에 맞추어 소수점 콕!

⑤
$$
\begin{array}{r}
3.7 \\
\times \quad 2 \\
\hline
\end{array}
$$

⑨
$$
\begin{array}{r}
7.8 \\
\times \quad 6 \\
\hline
\end{array}
$$

②
$$
\begin{array}{r}
1.7 \\
\times \quad 4 \\
\hline
\end{array}
$$

⑥
$$
\begin{array}{r}
5.2 \\
\times \quad 8 \\
\hline
\end{array}
$$

⑩
$$
\begin{array}{r}
6.8 \\
\times \quad 9 \\
\hline
\end{array}
$$

③
$$
\begin{array}{r}
2.3 \\
\times \quad 5 \\
\hline
\end{array}
$$

⑦
$$
\begin{array}{r}
9.6 \\
\times \quad 4 \\
\hline
\end{array}
$$

⑪
$$
\begin{array}{r}
6.3 \\
\times \quad 1\,2 \\
\hline
\end{array}
$$

④
$$
\begin{array}{r}
4.6 \\
\times \quad 3 \\
\hline
\end{array}
$$

⑧
$$
\begin{array}{r}
8.3 \\
\times \quad 7 \\
\hline
\end{array}
$$

⑫
$$
\begin{array}{r}
2.9 \\
\times \quad 2\,5 \\
\hline
\end{array}
$$

올림한 수를 작게 쓰고 계산하도록 지도해 주세요.
이때 올림한 수를 더하는 과정의 받아올림은 암산
으로 계산하는 습관을 들여 주세요.

목표 시간
3분

✿ 계산하세요.

①
```
      1 . 0 2
  ×         5
```

1.02의 소수점 위치에
맞추어 소수점 콕!

⑤
```
      1 . 6 3
  ×         4
```

⑨
```
      6 . 7 2
  ×         9
```

②
```
      1 . 2 6
  ×         3
```

⑥
```
      2 . 8 9
  ×         5
```

⑩
```
      8 . 4 9
  ×         7
```

③
```
      3 . 5 8
  ×         2
```

⑦
```
      5 . 3 2
  ×         6
```

⑪
```
      4 . 2 7
  ×       1 4
```

④
```
      6 . 1 7
  ×         4
```

⑧
```
      9 . 4 3
  ×         8
```

⑫
```
      7 . 1 9
  ×       2 5
```

 **38** 자연수의 곱셈처럼 계산하고 소수점 콕!

✖ 계산하세요.

①
$$\begin{array}{r} 2.8 \\ \times\quad 3 \\ \hline \end{array}$$

⑤
$$\begin{array}{r} 8.9 \\ \times\ 16 \\ \hline \end{array}$$

⑨
$$\begin{array}{r} 5.38 \\ \times\ 17 \\ \hline \end{array}$$

②
$$\begin{array}{r} 3.4 \\ \times\quad 9 \\ \hline \end{array}$$

⑥
$$\begin{array}{r} 4.2 \\ \times\ 73 \\ \hline \end{array}$$

⑩
$$\begin{array}{r} 6.51 \\ \times\ 24 \\ \hline \end{array}$$

③
$$\begin{array}{r} 6.7 \\ \times\ 18 \\ \hline \end{array}$$

⑦
$$\begin{array}{r} 3.62 \\ \times\quad 7 \\ \hline \end{array}$$

⑪
$$\begin{array}{r} 2.25 \\ \times\ 40 \\ \hline \end{array}$$

조심! 올림이 많아서
실수하기 쉬워요.

④
$$\begin{array}{r} 9.3 \\ \times\ 26 \\ \hline \end{array}$$

⑧
$$\begin{array}{r} 4.29 \\ \times\quad 5 \\ \hline \end{array}$$

⑫
$$\begin{array}{r} 3.86 \\ \times\ 37 \\ \hline \end{array}$$

곱셈의 올림 수는 쓰더라도
덧셈은 암산으로 하려고
노력해야 계산이 빨라져요.

소수의 곱셈을 세로로 계산할 때 자릿수와 상관없이 오른쪽 끝을 맞추어 씁니다. 자연수의 곱셈처럼 계산하고 소수점을 꼭 찍도록 하세요.

목표 시간 **4분**

❀ 계산하세요.

계산이 바로 안 된다면 세로셈으로 바꾸어 차근차근 풀어 보세요.

1 $1.4 \times 6 =$

7 $4.96 \times 3 =$

2 $3.9 \times 3 =$

8 $3.62 \times 24 =$

3 $4.3 \times 17 =$

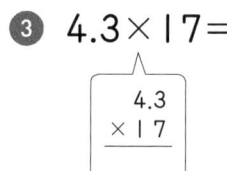

$$\begin{array}{r} 4.3 \\ \times\ 1\ 7 \\ \hline \end{array}$$

• 친구들이 자주 틀리는 문제! 앗! 실수

9 $8.75 \times 8 =$

4 $5.6 \times 43 =$

10 $5.34 \times 59 =$

11 $7.25 \times 48 =$

5 $7.6 \times 35 =$

내가 틀린 문제 한 번 더 풀기

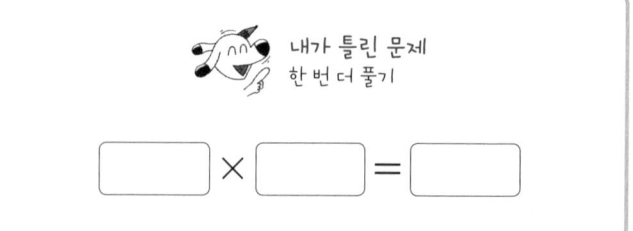

$\boxed{} \times \boxed{} = \boxed{}$

6 $2.38 \times 6 =$

39 자연수와 1보다 작은 소수의 곱셈

✳ 계산하세요.

> $\begin{array}{r} 4 \\ \times\ 6 \\ \hline \end{array}$ 자연수의 곱셈처럼 계산하고 소수점을 찍어 보세요.

1
$$\begin{array}{r} 4 \\ \times\ 0.6 \\ \hline 2.4 \end{array}$$

곱하는 소수의 소수점 위치에 맞추어 소수점 콕!

5
$$\begin{array}{r} 7 \\ \times\ 0.5 \\ \hline \end{array}$$

9
$$\begin{array}{r} 2\ 7 \\ \times\ 0.4 \\ \hline \end{array}$$

2
$$\begin{array}{r} 2 \\ \times\ 0.5 \\ \hline \end{array}$$

소수점 아래 마지막 0은 생략할 수 있어요.

6
$$\begin{array}{r} 8 \\ \times\ 0.7 \\ \hline \end{array}$$

10
$$\begin{array}{r} 4\ 5 \\ \times\ 0.8 \\ \hline \end{array}$$

3
$$\begin{array}{r} 6 \\ \times\ 0.3 \\ \hline \end{array}$$

7
$$\begin{array}{r} 9 \\ \times\ 0.6 \\ \hline \end{array}$$

11
$$\begin{array}{r} 5\ 6 \\ \times\ 0.9 \\ \hline \end{array}$$

4
$$\begin{array}{r} 3 \\ \times\ 0.9 \\ \hline \end{array}$$

8
$$\begin{array}{r} 1\ 5 \\ \times\ 0.3 \\ \hline \end{array}$$

12
$$\begin{array}{r} 3\ 4 \\ \times\ 0.7 \\ \hline \end{array}$$

✳ 계산하세요.

> 이렇게 기억하면 편리해요!
> 곱하는 두 수 중 하나가 소수이면
> 답은 그 소수점 위치에 맞추어 찍어요.

①

$$
\begin{array}{r}
3 \\
\times\ 0.07 \\
\end{array}
$$

> 0.07의 소수점 위치에
> 맞추어 소수점 콕!

②

$$
\begin{array}{r}
8 \\
\times\ 0.06 \\
\end{array}
$$

③

$$
\begin{array}{r}
43 \\
\times\ 0.05 \\
\end{array}
$$

④

$$
\begin{array}{r}
78 \\
\times\ 0.02 \\
\end{array}
$$

⑤

$$
\begin{array}{r}
4 \\
\times\ 0.12 \\
\end{array}
$$

⑥

$$
\begin{array}{r}
9 \\
\times\ 0.31 \\
\end{array}
$$

⑦

$$
\begin{array}{r}
6 \\
\times\ 0.28 \\
\end{array}
$$

⑧

$$
\begin{array}{r}
3 \\
\times\ 0.52 \\
\end{array}
$$

⑨

$$
\begin{array}{r}
2 \\
\times\ 0.96 \\
\end{array}
$$

⑩

$$
\begin{array}{r}
8 \\
\times\ 0.43 \\
\end{array}
$$

⑪

$$
\begin{array}{r}
16 \\
\times\ 0.17 \\
\end{array}
$$

⑫

$$
\begin{array}{r}
23 \\
\times\ 0.34 \\
\end{array}
$$

40 곱하는 소수와 같은 위치에 소수점을 콕 찍자

목표 시간 3분

✂ 계산하세요.

①
```
      4
  × 0.9
```

⑤
```
     2 9
  × 0.0 6
```

⑨
```
     4 6
  × 0.3 2
```

②
```
      8
  × 0.9
```

⑥
```
      7
  × 0.3 4
```

⑩
```
     5 3
  × 0.2 8
```

앗! 실수 친구들이 자주 틀리는 문제

③
```
    1 6
  × 0.4
```

⑦
```
      8
  × 0.6 5
```

⑪
```
     2 5
  × 0.4 6
```

④
```
    3 3
  × 0.7
```

⑧
```
     2 4
  × 0.1 2
```

⑫
```
     7 8
  × 0.5 9
```

정확한 계산도 중요하지만 소수점을
바르게 찍는 것도 중요해요!

93

목표 시간 **3분**

✳ 계산하세요.

자연수와 같이 계산한 다음 곱하는 소수의 소수점 위치에 맞추어 소수점을 찍어요.

① $3 \times 0.8 = 2.4$

0.8과 같은 위치에 소수점을 찍어요.

② $9 \times 0.7 =$

③ $15 \times 0.05 =$

④ $3 \times 0.49 =$

⑤ $8 \times 0.32 =$

⑥ $7 \times 0.65 =$

⑦ $6 \times 0.48 =$

⑧ $4 \times 0.76 =$

⑨ $23 \times 0.62 =$

⑩ $57 \times 0.29 =$

친구들이 자주 틀리는 문제! 앗! 실수

⑪ $44 \times 0.55 =$

⑫ $75 \times 0.08 =$

41 자연수와 1보다 큰 소수의 곱셈

✂ 계산하세요.

자연수의 곱셈처럼 계산하고
소수점을 알맞게 찍어 보세요.

① 2 × 1.4

곱하는 소수의 소수점
위치에 맞추어 소수점 콕!

⑤ 6 × 4.8

⑨ 9 × 5.3

② 5 × 1.9

⑥ 7 × 6.3

⑩ 4 × 8.6

③ 3 × 2.6

⑦ 8 × 7.2

⑪ 13 × 4.7

④ 4 × 5.7

⑧ 2 × 9.5

⑫ 36 × 2.4

계산하세요.

1
$$\begin{array}{r} 2 \\ \times\ 1.07 \\ \hline \end{array}$$

1.07의 소수점 위치에
맞추어 소수점 콕!

2
$$\begin{array}{r} 5 \\ \times\ 1.43 \\ \hline \end{array}$$

3
$$\begin{array}{r} 6 \\ \times\ 2.14 \\ \hline \end{array}$$

4
$$\begin{array}{r} 8 \\ \times\ 4.52 \\ \hline \end{array}$$

5
$$\begin{array}{r} 4 \\ \times\ 2.86 \\ \hline \end{array}$$

6
$$\begin{array}{r} 7 \\ \times\ 5.28 \\ \hline \end{array}$$

7
$$\begin{array}{r} 3 \\ \times\ 3.76 \\ \hline \end{array}$$

8
$$\begin{array}{r} 9 \\ \times\ 6.37 \\ \hline \end{array}$$

9
$$\begin{array}{r} 6 \\ \times\ 4.59 \\ \hline \end{array}$$

10
$$\begin{array}{r} 8 \\ \times\ 7.45 \\ \hline \end{array}$$

11
$$\begin{array}{r} 51 \\ \times\ 8.07 \\ \hline \end{array}$$

12
$$\begin{array}{r} 65 \\ \times\ 4.23 \\ \hline \end{array}$$

42 소수의 곱은 소수점의 위치가 중요해

목표 시간 4분

조금만 더 힘내요! 곱셈의 올림 수를 작게 쓰면서 차근차근 풀어 봐요. 마지막엔 소수점 콕! 잊지 마세요~

계산하세요.

① 5×6.3

② 4×3.8

③ 16×5.7

④ 35×7.4

⑤ 47×2.6

⑥ 63×4.5

⑦ 6×2.53

⑧ 8×1.29

⑨ 29×3.14

⑩ 84×1.06

앗! 실수 친구들이 자주 틀리는 문제

⑪ 45×6.92

⑫ 78×3.25

곱셈은 곱해지는 수와 곱하는 수의 순서를 바꾸어 풀어도
계산 결과가 같습니다. 곱하는 수의 자리 수가 더 많아서
계산이 어려우면 순서를 바꾸어 곱해 보세요.

목표 시간 **4분**

✿ 계산하세요.

① $2 \times 1.9 =$

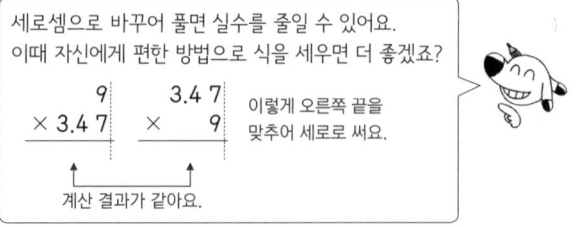

세로셈으로 바꾸어 풀면 실수를 줄일 수 있어요.
이때 자신에게 편한 방법으로 식을 세우면 더 좋겠죠?

$$
\begin{array}{r} 9 \\ \times\, 3.4\,7 \end{array} \qquad \begin{array}{r} 3.4\,7 \\ \times\quad 9 \end{array}
$$

이렇게 오른쪽 끝을 맞추어 세로로 써요.

계산 결과가 같아요.

② $3 \times 6.2 =$

⑦ $9 \times 3.47 =$

③ $26 \times 3.4 =$

⑧ $39 \times 2.13 =$

친구들이 자주 틀리는 문제! 앗! 실수

④ $38 \times 5.2 =$

⑨ $8 \times 6.25 =$

⑩ $48 \times 3.75 =$

⑤ $54 \times 6.8 =$

내가 틀린 문제
한 번 더 풀기

$$\boxed{} \times \boxed{} = \boxed{}$$

⑥ $6 \times 1.73 =$

43 1보다 작은 소수끼리의 곱셈

✻ 계산하세요.

자연수의 곱셈처럼 계산한 다음 곱하는 두 소수의 소수점 아래 자리 수의 합만큼 소수점을 찍어요.

①
```
    0.2  ← 소수 한 자리 수
           +
  × 0.3  ← 소수 한 자리 수
           =
    0.0 6 ← 소수 두 자리 수
```
소수 두 자리 수가 되도록 소수점 콕!

⑤
```
    0.0 5 ← 소수 두 자리 수
              +
  ×   0.7  ← 소수 한 자리 수
              =
    0.0 3 5 ← 소수 세 자리 수
```
소수 세 자리 수가 되도록 소수점 콕!

⑨
```
      0.8
  × 0.1 2
```

②
```
    0.4
  × 0.5
```

⑥
```
    0.1 3
  ×   0.4
```

⑩
```
      0.4
  × 0.3 4
```

③
```
    0.8
  × 0.2
```

⑦
```
    0.2 6
  ×   0.2
```

⑪
```
      0.2
  × 0.7 6
```

④
```
    0.7
  × 0.9
```

⑧
```
    0.5 4
  ×   0.6
```

⑫
```
      0.9
  × 0.2 3
```

목표 시간
3분

❀ 계산하세요.

❶
소수 두 자리 수
```
    0 . 0 3  ←┐
              + 소수 두 자리 수
  × 0 . 0 4  ←
─────────────  =
  0 . 0 0 1 2  ← 소수 네 자리 수
```
소수 네 자리 수가
되도록 소수점 콕!

❺
```
    0 . 1 2
  × 0 . 0 9
─────────────
```

❾
```
    0 . 2 5
  × 0 . 6 3
─────────────
```

❷
```
    0 . 0 2
  × 0 . 0 7
─────────────
```

❻
```
    0 . 5 6
  × 0 . 0 4
─────────────
```

❿
```
    0 . 4 8
  × 0 . 9 2
─────────────
```

❸
```
    0 . 0 9
  × 0 . 0 3
─────────────
```

❼
```
    0 . 0 3
  × 0 . 6 8
─────────────
```

⓫
```
    0 . 7 3
  × 0 . 5 4
─────────────
```

❹
```
    0 . 0 6
  × 0 . 0 8
─────────────
```

❽
```
    0 . 0 9
  × 0 . 4 6
─────────────
```

⓬
```
    0 . 8 5
  × 0 . 3 7
─────────────
```

❀ 계산하세요.

①
```
    0.7
×   0.4
```

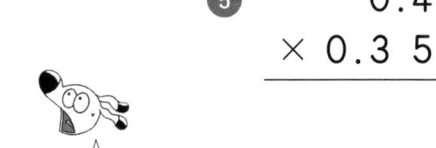

```
0.7
× 0.4
2.8
```
소수의 덧셈처럼 소수점을 바로 내려 찍으면 안 돼요!

⑤
```
    0.4
× 0.3 5
```

⑨
```
  0.2 6
× 0.5 7
```

②
```
    0.6
×   0.9
```

⑥
```
    0.8
× 0.8 2
```

⑩
```
  0.5 2
× 0.3 4
```

③
```
    0.3
× 0.5 8
```

⑦
```
  0.6 9
×   0.5
```

앗! 실수 친구들이 자주 틀리는 문제

⑪
```
  0.0 5
× 0.0 8
```

④
```
  0.2 9
×   0.6
```

⑧
```
  0.3 1
× 0.7 3
```

⑫
```
  0.7 6
× 0.8 4
```

❈ 계산하세요.

① $0.7 \times 0.6 = 0.42$

2칸만큼 왼쪽으로
옮겨 찍어요.

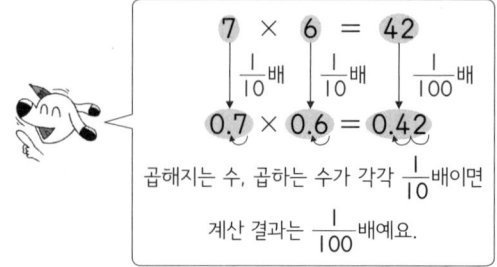

$7 \times 6 = 42$

$\frac{1}{10}$배 $\frac{1}{10}$배 $\frac{1}{100}$배

$0.7 \times 0.6 = 0.42$

곱해지는 수, 곱하는 수가 각각 $\frac{1}{10}$배이면

계산 결과는 $\frac{1}{100}$배예요.

② $0.2 \times 0.29 =$

③ $0.13 \times 0.5 =$

④ $0.35 \times 0.4 =$

⑤ $0.8 \times 0.18 =$

⑥ $0.3 \times 0.67 =$

⑦ $0.05 \times 0.06 =$

⑧ $0.12 \times 0.09 =$

⑨ $0.06 \times 0.27 =$

⑩ $0.38 \times 0.15 =$

⑪ $0.49 \times 0.83 =$

❀ 계산하세요.

①
$$
\begin{array}{r}
1 . 8 \leftarrow 소수 \text{①} 자리 수 \\
\times\ 2 . 4 \leftarrow 소수 \text{①} 자리 수 \\
\hline
7\ 2 \\
3\ 6 \\
\hline
4 . 3\ 2 \leftarrow 소수 \text{②} 자리 수
\end{array}
$$

소수 두 자리 수가
되도록 소수점 콕!

⑤
$$
\begin{array}{r}
2 . 7 \\
\times\ 4 . 8 \\
\hline
\end{array}
$$

⑨
$$
\begin{array}{r}
5 . 6 \\
\times\ 3 . 9 \\
\hline
\end{array}
$$

②
$$
\begin{array}{r}
3 . 6 \\
\times\ 1 . 5 \\
\hline
\end{array}
$$

⑥
$$
\begin{array}{r}
4 . 8 \\
\times\ 5 . 2 \\
\hline
\end{array}
$$

⑩
$$
\begin{array}{r}
6 . 5 \\
\times\ 7 . 6 \\
\hline
\end{array}
$$

③
$$
\begin{array}{r}
2 . 3 \\
\times\ 3 . 6 \\
\hline
\end{array}
$$

⑦
$$
\begin{array}{r}
5 . 9 \\
\times\ 2 . 6 \\
\hline
\end{array}
$$

⑪
$$
\begin{array}{r}
8 . 7 \\
\times\ 4 . 2 \\
\hline
\end{array}
$$

④
$$
\begin{array}{r}
5 . 2 \\
\times\ 1 . 9 \\
\hline
\end{array}
$$

⑧
$$
\begin{array}{r}
7 . 3 \\
\times\ 3 . 4 \\
\hline
\end{array}
$$

⑫
$$
\begin{array}{r}
9 . 4 \\
\times\ 2 . 8 \\
\hline
\end{array}
$$

소수점을 바르게 찍었나요?
103쪽의 곱하는 두 소수의 소수점 아래
자리 수의 합은 모두 2예요~

❊ 계산하세요.

①
```
      3.0 9 ← 소수 두 자리 수
  ×     1.2 ← 소수 한 자리 수
  ─────────
      6 1 8
    3 0 9
  ─────────
    3.7 0 8 ← 소수 세 자리 수
```

소수 세 자리 수가
되도록 소수점 콕!

②
```
      1.4 5
  ×     6.3
```

③
```
      2.2 4
  ×     3.8
```

④
```
      5.1 3
  ×     4.9
```

⑤
```
        3.6
  ×   2.0 8
```

⑥
```
        5.9
  ×   4.1 2
```

⑦
```
        6.1
  ×   3.2 7
```

⑧
```
        7.2
  ×   5.3 4
```

⑨
```
      4.7 3
  ×     2.5
```

⑩
```
        8.2
  ×   6.3 9
```

⑪
```
      5.0 3
  ×   1.5 8
```

⑫
```
      1.6 5
  ×   3.4 2
```

46 1보다 큰 소수끼리의 곱셈 한 번 더!

❀ 계산하세요.

> 자연수의 곱셈처럼 계산한 다음
> 곱하는 두 소수의 소수점 아래 자리 수의
> 합만큼 소수점을 찍어요.

①
$$\begin{array}{r} 2.5 \\ \times\ 3.6 \\ \hline \end{array}$$

⑤
$$\begin{array}{r} 1.34 \\ \times\ \ \ 6.7 \\ \hline \end{array}$$

⑨
$$\begin{array}{r} 5.46 \\ \times\ \ \ 8.3 \\ \hline \end{array}$$

②
$$\begin{array}{r} 7.6 \\ \times\ 1.9 \\ \hline \end{array}$$

⑥
$$\begin{array}{r} 28.5 \\ \times\ \ \ 4.3 \\ \hline \end{array}$$

⑩
$$\begin{array}{r} 7.3 \\ \times\ 62.4 \\ \hline \end{array}$$

③
$$\begin{array}{r} 3.8 \\ \times\ 5.2 \\ \hline \end{array}$$

⑦
$$\begin{array}{r} 4.6 \\ \times\ 2.31 \\ \hline \end{array}$$

⑪
$$\begin{array}{r} 3.15 \\ \times\ 2.09 \\ \hline \end{array}$$

④
$$\begin{array}{r} 6.4 \\ \times\ 2.3 \\ \hline \end{array}$$

⑧
$$\begin{array}{r} 5.8 \\ \times\ 36.2 \\ \hline \end{array}$$

⑫
$$\begin{array}{r} 8.92 \\ \times\ 15.7 \\ \hline \end{array}$$

목표 시간 **5분**

🎴 계산하세요.

급하게 풀지 않아도 돼요. 속도보다는
정확하게 푸는 게 먼저예요!

①
$$\begin{array}{r} 3.4 \\ \times\ 6.3 \\ \hline \end{array}$$

⑤
$$\begin{array}{r} 5.18 \\ \times\ \ \ 4.7 \\ \hline \end{array}$$

⑨
$$\begin{array}{r} 65.1 \\ \times\ 13.4 \\ \hline \end{array}$$

②
$$\begin{array}{r} 6.3 \\ \times\ 2.9 \\ \hline \end{array}$$

⑥
$$\begin{array}{r} 46.2 \\ \times\ \ \ 3.6 \\ \hline \end{array}$$

⑩
$$\begin{array}{r} 38.7 \\ \times\ 21.5 \\ \hline \end{array}$$

③
$$\begin{array}{r} 4.7 \\ \times\ 5.2 \\ \hline \end{array}$$

⑦
$$\begin{array}{r} 3.8 \\ \times\ 3.25 \\ \hline \end{array}$$

친구들이 자주 틀리는 문제! **앗! 실수**

⑪
$$\begin{array}{r} 9.26 \\ \times\ \ \ 5.4 \\ \hline \end{array}$$

④
$$\begin{array}{r} 9.4 \\ \times\ 1.8 \\ \hline \end{array}$$

⑧
$$\begin{array}{r} 8.5 \\ \times\ 71.3 \\ \hline \end{array}$$

⑫
$$\begin{array}{r} 8.35 \\ \times\ 3.62 \\ \hline \end{array}$$

※ 계산하세요.

틀린 문제는 ☆ 표시를 하고
한 번 더 풀면 최고!

①
```
    4. 7
×   2. 9
```

⑤
```
    3. 4 6
×      5. 9
```

⑨
```
    2. 3 8
×   4. 5 1
```

②
```
    5. 6
×   9. 4
```

⑥
```
    7. 8 3
×      3. 6
```

⑩
```
    4. 0 6
×   9. 2 7
```

앗! 실수 친구들이 자주 틀리는 문제

③
```
    2. 3 4
×      5. 8
```

⑦
```
      9. 4
×   2. 6 5
```

⑪
```
    7. 5
×   6. 8 2
```

④
```
      4. 5
×   6. 3 5
```

⑧
```
    6. 7
×   4. 3 2
```

⑫
```
    8. 6 5
×   2. 4 6
```

곱셈은 곱해지는 수와 곱하는 수의 순서를 바꾸어 풀어도
계산 결과가 같습니다. 곱하는 수의 자릿수가 더 많아서
계산이 어려우면 순서를 바꾸어 곱해 보세요.

목표 시간
 5분

✿ 계산하세요.

① $1.5 \times 1.2 =$

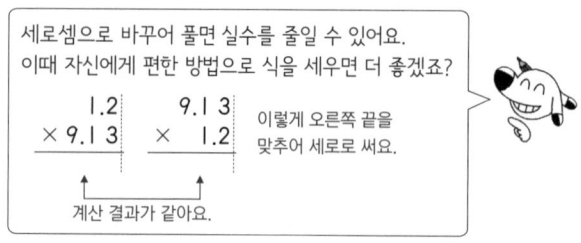

세로셈으로 바꾸어 풀면 실수를 줄일 수 있어요.
이때 자신에게 편한 방법으로 식을 세우면 더 좋겠죠?

$$\begin{array}{r} 1.2 \\ \times\, 9.13 \end{array} \qquad \begin{array}{r} 9.13 \\ \times\, 1.2 \end{array}$$

이렇게 오른쪽 끝을
맞추어 세로로 써요.

계산 결과가 같아요.

② $2.9 \times 3.1 =$

⑦ $1.2 \times 9.13 =$

③ $7.4 \times 5.2 =$

⑧ $4.5 \times 4.27 =$

● 친구들이 자주 틀리는 문제! 앗! 실수

④ $4.8 \times 6.5 =$

⑨ $8.05 \times 9.6 =$

⑩ $1.25 \times 6.48 =$

⑤ $3.16 \times 2.4 =$

내가 틀린 문제
한 번 더 풀기

⑥ $5.09 \times 4.8 =$

$$\boxed{} \times \boxed{} = \boxed{}$$

여기까지 오다니 정말 대단해요!
이제 소수의 곱셈을 모아 풀면서
완벽하게 마무리해요!

�֍ 계산하세요.

①
$$\begin{array}{r} 0.8 \\ \times\ 3\ 7 \\ \hline \end{array}$$

⑤
$$\begin{array}{r} 6\ 2 \\ \times\ 0.0\ 9 \\ \hline \end{array}$$

⑨
$$\begin{array}{r} 0.4\ 3 \\ \times\ 0.5\ 6 \\ \hline \end{array}$$

②
$$\begin{array}{r} 0.5\ 2 \\ \times\ \ \ 4\ 6 \\ \hline \end{array}$$

⑥
$$\begin{array}{r} 2\ 4 \\ \times\ 0.8\ 5 \\ \hline \end{array}$$

⑩
$$\begin{array}{r} 9.3 \\ \times\ 6.4 \\ \hline \end{array}$$

③
$$\begin{array}{r} 7.3 \\ \times\ 2\ 9 \\ \hline \end{array}$$

⑦
$$\begin{array}{r} 3\ 8 \\ \times\ 6.7 \\ \hline \end{array}$$

⑪
$$\begin{array}{r} 7.4\ 5 \\ \times\ \ \ 2.5 \\ \hline \end{array}$$

④
$$\begin{array}{r} 3.6\ 1 \\ \times\ \ \ \ 4 \\ \hline \end{array}$$

⑧
$$\begin{array}{r} 7 \\ \times\ 8.2\ 3 \\ \hline \end{array}$$

⑫
$$\begin{array}{r} 4.9\ 8 \\ \times\ 3.0\ 6 \\ \hline \end{array}$$

❀ 빈칸에 알맞은 수를 써넣으세요.

1

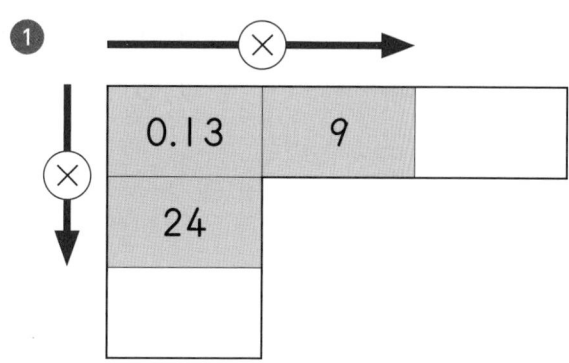

화살표 방향으로
두 수의 곱을 구해 보세요.
계산 결과에 소수점 콕! 잊지 마세요~

2

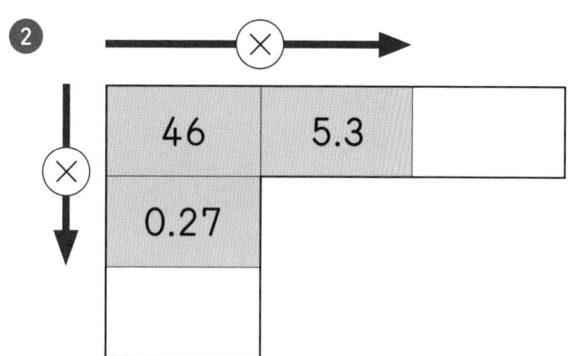

4

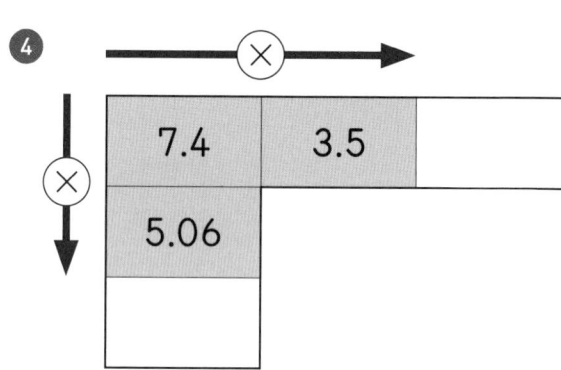

3

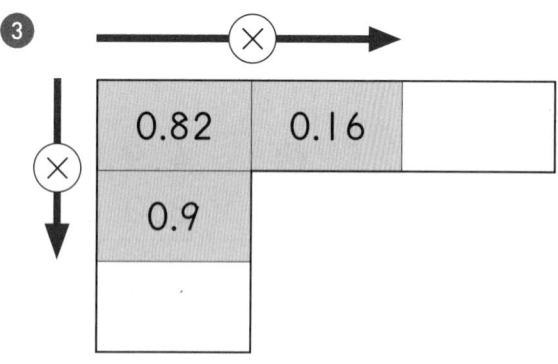

5

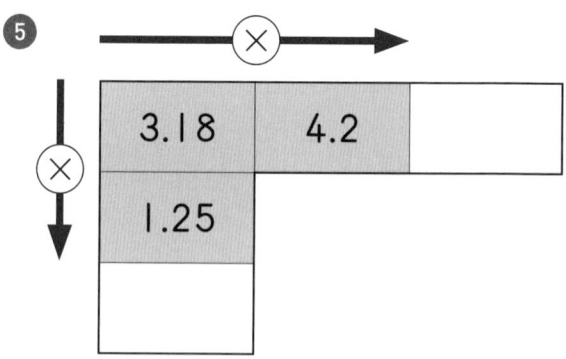

110

목표 시간 **3**분

✂ 소수점의 위치를 생각하여 계산하세요.

> 곱하는(곱해지는) 10, 100, 1000의
> 0의 수만큼 소수점을 오른쪽으로 옮겨요.

1

$2.74 \times 10 = \boxed{27.4}$
0이 1개

> 2.74 오른쪽으로 1칸 이동

$2.74 \times 100 = \boxed{274}$
0이 2개

> 2.74 오른쪽으로 2칸 이동

$2.74 \times 1000 = \boxed{2740}$
0이 3개

> 2.74 오른쪽으로 3칸 이동

> 소수점을 오른쪽으로 옮길 때
> 자리가 없으면 0을 채워 써 줘요.

2

$0.813 \times 10 = \boxed{}$

$0.813 \times 100 = \boxed{}$

$0.813 \times 1000 = \boxed{}$

3

$6.405 \times 10 = \boxed{}$

$6.405 \times 100 = \boxed{}$

$6.405 \times 1000 = \boxed{}$

4

$7.159 \times 10 = \boxed{}$

$7.159 \times 100 = \boxed{}$

$7.159 \times 1000 = \boxed{}$

5

$10 \times 5.23 = \boxed{}$

$100 \times 5.23 = \boxed{}$

$1000 \times 5.23 = \boxed{}$

6

$10 \times 1.007 = \boxed{}$

$100 \times 1.007 = \boxed{}$

$1000 \times 1.007 = \boxed{}$

7

$10 \times 4.856 = \boxed{}$

$100 \times 4.856 = \boxed{}$

$1000 \times 4.856 = \boxed{}$

8

$10 \times 9.074 = \boxed{}$

$100 \times 9.074 = \boxed{}$

$1000 \times 9.074 = \boxed{}$

목표 시간
3분

❀ 소수점의 위치를 생각하여 계산하세요.

곱하는(곱해지는) 소수의 소수점 아래 자리 수만큼 소수점을 왼쪽으로 옮겨요.

1

$86 × 0.1 = \boxed{8.6}$
소수점 아래 자리 수 1개

$86 × 0.01 = \boxed{0.86}$
소수점 아래 자리 수 2개

$86 × 0.001 = \boxed{0.086}$
소수점 아래 자리 수 3개

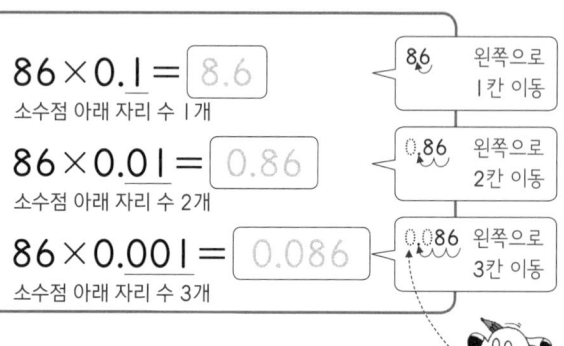

86 → 왼쪽으로 1칸 이동

0.86 → 왼쪽으로 2칸 이동

0.086 → 왼쪽으로 3칸 이동

소수점을 왼쪽으로 옮길 때 자리가 비면 0을 채워 써 줘요.

5

$0.1 × 45 = \boxed{}$

$0.01 × 45 = \boxed{}$

$0.001 × 45 = \boxed{}$

2

$350 × 0.1 = \boxed{}$

$350 × 0.01 = \boxed{}$

$350 × 0.001 = \boxed{}$

소수점 아래 마지막 0은 생략하여 나타내요.

6

$0.1 × 129 = \boxed{}$

$0.01 × 129 = \boxed{}$

$0.001 × 129 = \boxed{}$

3

$1874 × 0.1 = \boxed{}$

$1874 × 0.01 = \boxed{}$

$1874 × 0.001 = \boxed{}$

7

$0.1 × 570 = \boxed{}$

$0.01 × 570 = \boxed{}$

$0.001 × 570 = \boxed{}$

4

$9302 × 0.1 = \boxed{}$

$9302 × 0.01 = \boxed{}$

$9302 × 0.001 = \boxed{}$

8

$0.1 × 6258 = \boxed{}$

$0.01 × 6258 = \boxed{}$

$0.001 × 6258 = \boxed{}$

 **50** 곱셈식을 이용하여 답을 구해 보자 (1)

✂ 곱셈식을 보고 계산하세요.

1 $5.4 \times 7 = 37.8$

$5.4 \times 70 =$ 378
└→ 0이 1개 늘었어요.

37.8 오른쪽으로 1칸 이동

$5.4 \times 700 =$ 3780
└→ 0이 2개 늘었어요.

37.80 오른쪽으로 2칸 이동

곱하는 수의 0이 하나씩 늘어날 때마다 곱의 소수점을 오른쪽으로 한 칸씩 옮겨요.

5 $9.4 \times 8 = 75.2$

$0.94 \times 8 =$ ☐

└→ 소수점 아래 자리 수가 1개 늘었어요.

7.52 왼쪽으로 1칸 이동

$0.094 \times 8 =$ ☐

└→ 소수점 아래 자리 수가 2개 늘었어요.

0.752 왼쪽으로 2칸 이동

곱해지는 소수의 소수점 아래 자리 수가 하나씩 늘어날 때마다 곱의 소수점을 왼쪽으로 한 칸씩 옮겨요.

2 $0.6 \times 83 = 49.8$

$0.6 \times 830 =$ ☐

$0.6 \times 8300 =$ ☐

6 $3.8 \times 16 = 60.8$

$0.38 \times 16 =$ ☐

$0.038 \times 16 =$ ☐

3 $4.3 \times 29 = 124.7$

$4.3 \times 290 =$ ☐

$4.3 \times 2900 =$ ☐

7 $7.1 \times 52 = 369.2$

$0.71 \times 52 =$ ☐

$0.071 \times 52 =$ ☐

4 $1.27 \times 56 = 71.12$

$1.27 \times 560 =$ ☐

$1.27 \times 5600 =$ ☐

8 $10.8 \times 28 = 302.4$

$1.08 \times 28 =$ ☐

$0.108 \times 28 =$ ☐

목표 시간 **3분**

❀ 곱셈식을 보고 계산하세요.

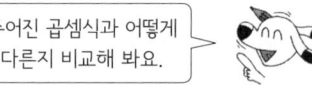
주어진 곱셈식과 어떻게 다른지 비교해 봐요.

① 4.2×6=25.2

4.2×600= ☐

0.42×6= ☐

⑤ 0.16×45=7.2

0.16×450= ☐

0.016×45= ☐

② 0.53×9=4.77

0.53×90= ☐

0.053×9= ☐

⑥ 1.26×75=94.5

1.26×7500= ☐

0.126×75= ☐

③ 1.5×65=97.5

1.5×650= ☐

0.015×65= ☐

⑦ 8.03×14=112.42

8.03×140= ☐

0.803×14= ☐

④ 2.9×43=124.7

2.9×4300= ☐

0.29×43= ☐

⑧ 2.94×37=108.78

2.94×3700= ☐

0.0294×37= ☐

✂ 곱셈식을 보고 계산하세요.

> 곱하는 두 소수의 소수점 아래 자리 수의 합에 따라 곱의 소수점 위치가 달라져요.

① 7×48=336

0.7×4.8= ☐
소수점 아래 자리 수의 합: 2

> 336 왼쪽으로 2칸 이동

0.7×0.48= ☐
소수점 아래 자리 수의 합: 3

> 0.336 왼쪽으로 3칸 이동

0.007×4.8= ☐
소수점 아래 자리 수의 합: 4

> 0.0336 왼쪽으로 4칸 이동

④ 52×19=988

5.2×1.9= ☐

5.2×0.19= ☐

0.52×0.19= ☐

② 36×5=180

3.6×0.5= ☐

0.36×0.5= ☐

0.36×0.05= ☐

⑤ 49×32=1568

4.9×3.2= ☐

4.9×0.32= ☐

0.049×3.2= ☐

③ 14×53=742

1.4×5.3= ☐

1.4×0.53= ☐

0.14×0.53= ☐

⑥ 18×95=1710

1.8×9.5= ☐

0.18×9.5= ☐

1.8×0.095= ☐

목표 시간 😊 **3분** 😤

�֍ 곱셈식을 보고 계산하세요.

> 자연수끼리의 곱셈 결과에 곱하는
> 두 소수의 소수점 아래 자리 수의 합만큼
> 소수점을 왼쪽으로 옮겨 봐요!

① $37 \times 26 = 962$

$3.7 \times 2.6 = \boxed{}$

$0.37 \times 2.6 = \boxed{}$

$0.37 \times 0.26 = \boxed{}$

④ $83 \times 48 = 3984$

$0.83 \times 4.8 = \boxed{}$

$8.3 \times 4.8 = \boxed{}$

$0.083 \times 4.8 = \boxed{}$

② $64 \times 17 = 1088$

$6.4 \times 1.7 = \boxed{}$

$6.4 \times 0.17 = \boxed{}$

$0.64 \times 0.17 = \boxed{}$

⑤ $104 \times 16 = 1664$

$10.4 \times 0.16 = \boxed{}$

$0.104 \times 1.6 = \boxed{}$

$1.04 \times 0.16 = \boxed{}$

③ $55 \times 29 = 1595$

$5.5 \times 2.9 = \boxed{}$

$0.55 \times 2.9 = \boxed{}$

$5.5 \times 0.029 = \boxed{}$

⑥ $329 \times 80 = 26320$

$32.9 \times 0.8 = \boxed{}$

$32.9 \times 0.008 = \boxed{}$

$3.29 \times 0.8 = \boxed{}$

생활 속 연산 — 소수의 곱셈

❀ 그림을 보고 ☐ 안에 알맞은 수를 써넣으세요.

1

윤재는 매일 공원에서 0.74 km를 걷습니다. 윤재가
2주일 동안 걸은 거리는 모두 ☐ km입니다.

2주일은 14일이에요.

2

휘발유 1 L로 10.5 km를 가는 자동차가 있습니다.
이 자동차가 휘발유 6.2 L로 갈 수 있는 거리는
☐ km입니다.

3

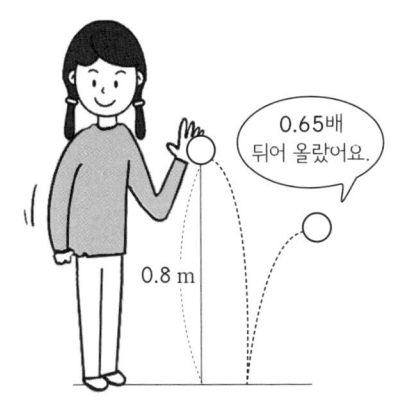

0.65배
튀어 올랐어요.

0.8 m

민서는 떨어진 높이의 0.65배만큼 다시 튀어 오르는
공을 가지고 있습니다. 이 공을 0.8 m의 높이에서
떨어뜨렸다면 공이 처음으로 튀어 오른 높이는
☐ m입니다.

4

5.42 g

100원짜리 동전의 무게는 5.42 g입니다.
동전 10개의 무게는 ☐ g,
동전 100개의 무게는 ☐ g,
동전 1000개의 무게는 ☐ g입니다.

바빠독이 정글 속의 보물을 찾으려고 합니다. 올바른 답이 적힌 길을 따라가 보세요.

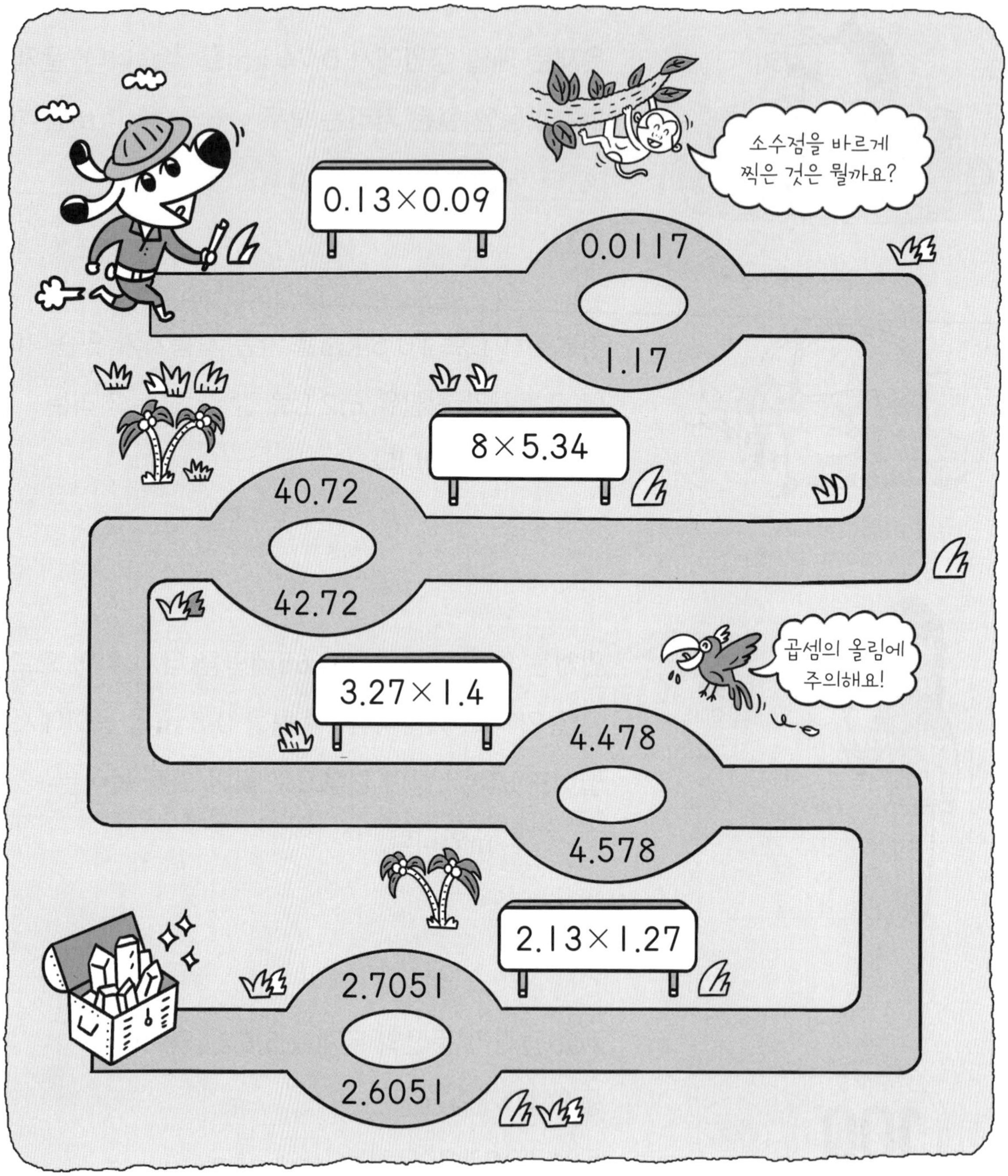

넷째
마당

평균

교과서 6. 평균과 가능성

오늘 공부한
단계를 색칠해
보세요!

53 54 55 56 57

 **바빠 개념 쏙쏙!**

✪ 평균 구하기

- 평균: 각 자료의 값을 모두 더하여 자료의 수로 나눈 값

$$(평균)=(자료\ 값의\ 합)÷(자료의\ 수)$$

- 자료의 평균 구하기

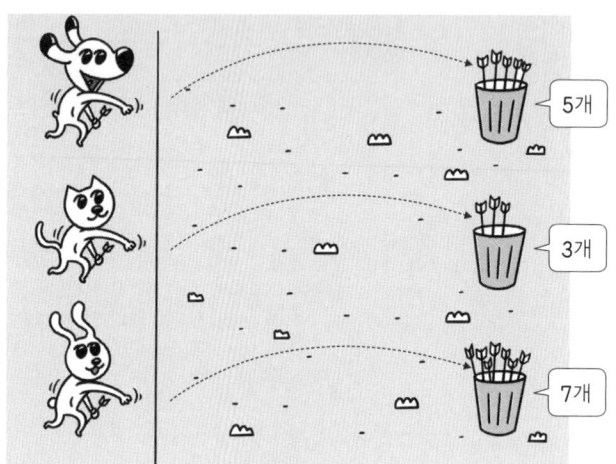

5개

3개

7개

투호놀이 기록

동물	강아지	고양이	토끼
기록(개)	5	3	7

자료의 수: 3

우리 셋은 모두 합해서 15개를 넣었어요.
15÷3=5(개)가 평균이에요!

(기록 수의 합)=5+3+7=15

➡ (평균)=(기록 수의 합)÷(동물 수)

　　자료 값의 합　　자료의 수

　　=15÷3=5(개)

 투호놀이 기록의
평균은 5개예요.

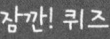

평균을 구하는 식은 어느 것일까요?

① (자료 값의 합)×(자료의 수)　　　② (자료 값의 합)÷(자료의 수)

53 평균은 자료 값의 합을 자료의 수로 나눈 값

❀ 자료의 평균을 구하세요.

① 자료의 수: 3

| 7 | 12 | 5 |

자료 값의 합   자료의 수

24 ÷ 3 = 8

7+12+5

평균은 자료의 값을 모두 더하여 자료의 수로 나누어 구해요.

⑥

| 15 | 13 | 9 | 27 |

(   )

②

| 9 | 6 | 5 | 8 |

자료 값의 합   자료의 수

☐ ÷ ☐ = ☐

⑦

| 6 | 7 | 6 | 15 | 11 |

(   )

자료에 같은 수가 있어도 빼놓지 않고 모두 더해요.

③

| 10 | 9 | 14 |

자료 값의 합   자료의 수

☐ ÷ ☐ = ☐

⑧

| 14 | 20 | 19 | 31 |

(   )

④

| 11 | 13 | 8 | 16 |

자료 값의 합   자료의 수

☐ ÷ ☐ = ☐

⑨

| 18 | 16 | 20 | 12 | 24 |

(   )

⑤

| 7 | 5 | 6 | 9 | 3 |

자료 값의 합   자료의 수

☐ ÷ ☐ = ☐

⑩

| 22 | 15 | 34 | 28 | 16 |

(   )

평균을 빠르게 구하는 꿀팁
자료 값의 합을 구할 때 더해서
몇십이 되는 수를 찾아 먼저 더해요!
계산 실수도 줄이고 암산도 쉬워질 거예요~

목표 시간  4분

�֎ 자료의 평균을 구하세요.

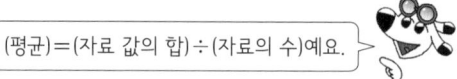 (평균)＝(자료 값의 합)÷(자료의 수)예요.

1

| 20 | 13 | 18 | 25 |

(   )

5

| 16 | 30 | 27 | 28 | 34 |

(   )

2

| 7 | 5 | 14 |
| 8 | 4 | 10 |

(   )

6

| 7 | 9 | 5 | 4 |
| 3 | 5 | 7 | 8 |

(   )

3

| 3 | 9 | 8 | 4 | 9 |
| 5 | 7 | 2 | 6 | 7 |

(   )

7

| 15 | 32 | 30 |
| 24 | 39 | 16 |

(   )

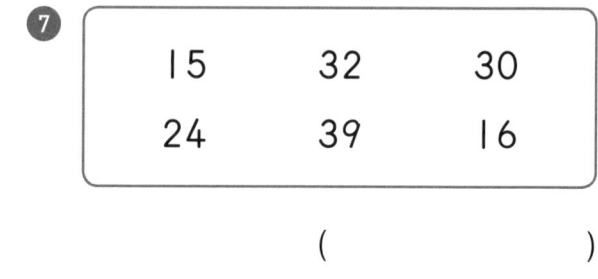 자료의 수가 많으면 앞의 팁처럼 더해서 몇십이 되는 수를 먼저 더해요.

4

| 16 | 11 | 6 | 12 |
| 10 | 9 | 13 | |

(   )

8

| 14 | 25 | 19 | 22 | 16 |
| 32 | 13 | 24 | 15 | |

(   )

54 표를 보고 자료의 평균 구하기

목표 시간 4분

❖ 자료의 평균을 구하세요.

> 전체 학생 수를 모둠 수로 나누면 모둠별 학생 수의 평균이 돼요.

1 모둠별 학생 수

모둠	1모둠	2모둠	3모둠	4모둠
학생 수 (명)	6	5	7	6

(명   )

> 단위를 꼭 써야 해요.

2 50 m 달리기 기록

이름	유진	민서	준하	현우
기록 (초)	11	7	12	10

(초   )

3 읽은 책 수

이름	연우	찬호	혜수	경민
책 수 (권)	6	9	11	10

(   )

4 투호놀이 기록

회	1회	2회	3회	4회	5회
기록 (개)	8	6	9	7	10

(   )

5 과목별 확인평가 점수

과목	국어	수학	사회	과학
점수 (점)	80	90	70	80

(   )

6 학생별 몸무게

이름	윤서	다정	시혁	서준
몸무게 (kg)	37	42	36	45

(   )

> 자료마다 단위가 다르니 주의하세요!

7 운동한 시간

요일	월	화	수	목	금
시간 (분)	40	35	50	45	60

(   )

8 줄넘기 기록

회	1회	2회	3회	4회
기록 (번)	85	74	68	93

(   )

목표 시간 5분

❈ 자료의 평균을 구하세요.

① 오래 매달리기 기록

이름	영진	하은	서현	승민
기록 (초)	16	20	14	18

(초)

단위를 꼭 써야 해요.

② 요일별 최고 기온

요일	월	화	수	목	금
기온 (℃)	11	9	7	8	10

(   )

③ 독서한 시간

요일	월	화	수	목	금
시간 (분)	30	45	20	50	45

(   )

④ 100 m 달리기 기록

이름	소윤	시혁	지영	서정	유찬
기록 (초)	19	21	19	24	17

(   )

⑤ 윗몸 말아 올리기 기록

이름	민지	연우	태인	유준
기록 (회)	36	32	30	42

(   )

⑥ 반별 학생 수

반	1반	2반	3반	4반	5반
학생 수 (명)	28	25	26	27	34

(   )

⑦ 훌라후프 기록

회	1회	2회	3회	4회	5회
기록 (번)	45	53	68	47	42

(   )

⑧ 과목별 확인평가 점수

과목	국어	수학	영어	사회	과학
점수 (점)	92	84	76	80	88

(   )

 **55** 자료 값의 합을 구하고 나머지 자료를 모두 빼자  ☺ 4분 ☹

✂ 자료의 평균을 이용하여 ☐ 안에 알맞은 수를 써넣으세요.

1 평균: 7

자료의 수: 3

| 8 | 5 | ☐ |

❶ (자료 값의 합)=(평균)×(자료의 수)
　＝7×3=21
❷ (☐ 안의 수)=21−8−5=8

6 평균: 15

| 16 | 12 | ☐ | 11 |

(평균)=(자료 값의 합)÷(자료의 수)이니까
(자료 값의 합)=(평균)×(자료의 수)예요.

2 평균: 9

| 13 | ☐ | 9 |

먼저 자료 값의 합을 구한 다음
나머지 자료의 합을 빼어
구할 수도 있어요.

7 평균: 20

| ☐ | 25 | 18 | 19 |

3 평균: 10

| ☐ | 5 | 17 |

8 평균: 6

| 3 | ☐ | 8 | 10 | 7 |

4 평균: 8

| 5 | ☐ | 11 | 10 |

9 평균: 9

| 6 | 11 | ☐ | 5 | 12 |

5 평균: 12

| 7 | 13 | 9 | ☐ |

10 평균: 14

| 8 | 17 | 13 | 10 | ☐ |

목표 시간
5분

� 자료의 평균을 이용하여 □ 안에 알맞은 수를 써넣으세요.

1 평균: 50

□	65	40

(자료 값의 합)＝(평균)×(자료의 수)예요.

2 평균: 15

□	7	11	13

3 평균: 20

16	22	□	14

4 평균: 32

25	□	19	35

5 평균: 43

50	47	38	□

6 평균: 17

13	□	16	18	20

7 평균: 22

26	21	□	29	18

8 평균: 30

27	31	25	40	□

9 평균: 40

42	36	□	38	50

10 평균: 60

55	65	67	□	40

56 평균을 이용하여 표 완성하기

※ 자료의 평균을 이용하여 표의 빈칸에 알맞은 수를 써넣으세요.

1 읽은 책 수

이름	윤서	다정	시혁	서준	평균
책 수(권)		7	2	6	5

> 자료 값의 합은 (평균)×(자료의 수)로 구할 수 있어요.

먼저 읽은 책 수의 합을 구한 다음 다정, 시혁, 서준이가 읽은 책 수를 빼요.

2 공 던지기 기록

이름	유진	민서	준하	현우	평균
기록(m)	32	38	41		42

> 자료 값의 합에서 알고 있는 자료를 모두 빼면 빈칸의 값을 구할 수 있어요.

3 왕복 오래달리기 기록

이름	민지	연우	태인	유준	평균
기록(초)	73		76	90	81

4 반별 안경 쓴 학생 수

반	1반	2반	3반	4반	5반	평균
학생 수(명)	8	5	9		6	7

5 요일별 최고 기온

요일	월	화	수	목	금	평균
기온(℃)	24	20		22	26	22

목표 시간 **4**분

😊 자료의 평균을 이용하여 표의 빈칸에 알맞은 수를 써넣으세요.

1 턱걸이 기록

회	1회	2회	3회	4회	5회	평균
기록(회)		5	8	9	7	7

다 풀고 나서 완성한 표의 평균을 구해 보세요. 평균이 같게 나오면 정답!

2 운동한 시간

이름	연우	찬호	혜수	수연	평균
시간(분)	50	35	45		40

3 과목별 확인평가 점수

과목	국어	수학	영어	과학	평균
점수(점)	85		82	90	88

4 모둠별 도서 대출 수

모둠	1모둠	2모둠	3모둠	4모둠	5모둠	평균
책 수(권)	26	32	50		30	36

5 줄넘기 기록

요일	월	화	수	목	금	평균
기록(번)	65	72		82	73	72

57 생활 속 연산 — 평균

목표 시간 4분

※ 그림을 보고 □ 안에 알맞은 수를 써넣으세요.

❶ 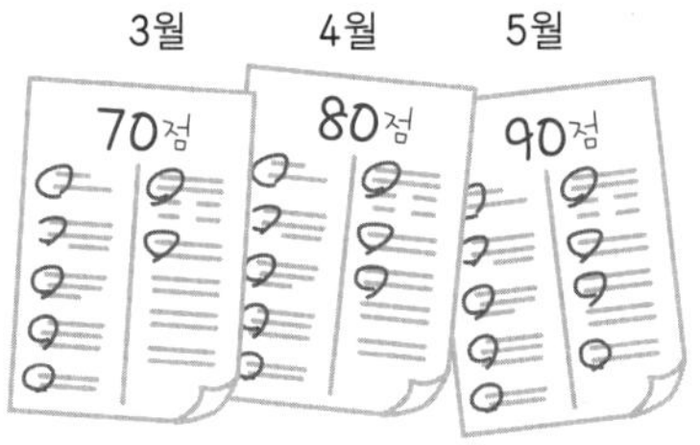
3월
4월
5월
70점
80점
90점

슬기는 수학 단원평가에서 3월에는 70점, 4월에는 80점, 5월에는 90점을 받았습니다. 슬기의 세 달 수학 점수의 평균은 □점입니다.

❷ 

• 정민이의 인터넷 사용 시간

요일	월	화	수	목	금
시간(분)	20	38	17	25	30

정민이가 월요일부터 금요일까지 인터넷을 사용한 시간의 평균은 □분입니다.

❸ 

4쪽　3쪽　2쪽　6쪽　?쪽

민서가 5일 동안 교과서 연산 문제집을 풀었습니다. 민서가 하루에 푼 쪽수의 평균이 4쪽이라면 민서는 마지막 날 □쪽을 풀었습니다.

❹ 
아버지
72 kg
어머니
56 kg
지우
? kg
동생
24 kg

지우네 가족의 몸무게의 평균은 48 kg입니다. 지우의 몸무게는 □ kg입니다.

동물 나라 운동회가 열렸습니다. 두 팀의 각 종목 기록의 평균을 구하고 평균이 더 높은
팀의 깃발에 각각 ○표 하세요.

제기차기 기록

5번 2번 3번
6번 9번

평균: ☐ 번

4번 1번 7번
10번 8번

평균: ☐ 번

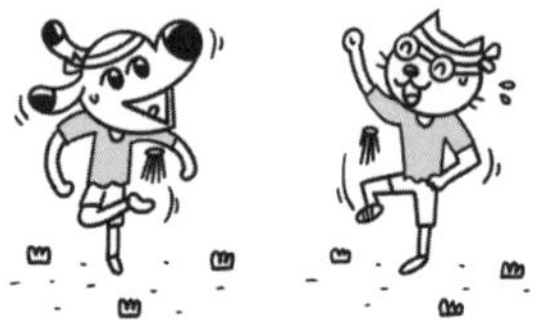

콩 주머니 던지기 기록

45개 57개
60개

평균: ☐ 개

32개 48개
76개

평균: ☐ 개

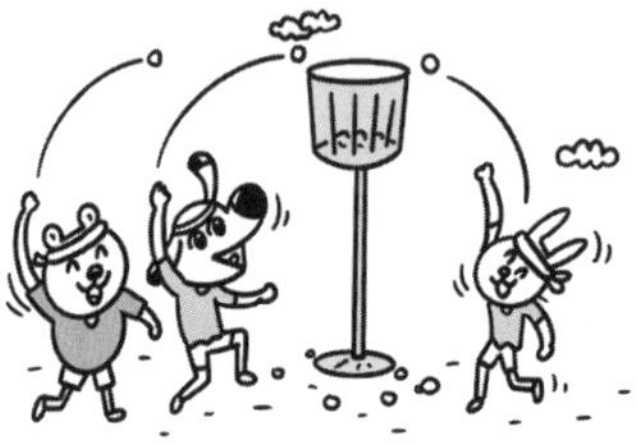

단체 줄넘기 기록

34번 17번
13번 36번

평균: ☐ 번

28번 31번
22번 27번

평균: ☐ 번

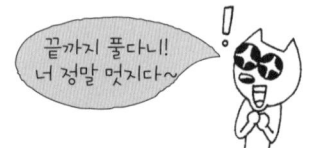

끝까지 풀다니!
너 정말 멋지다~

130

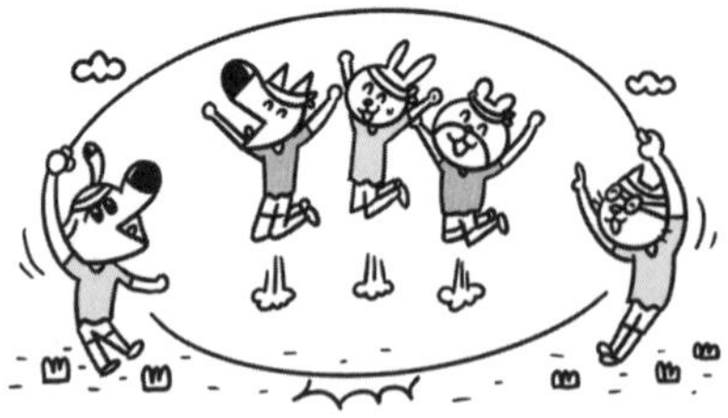

빠른
교과서
연산

5-2 정답

맨날
노는데
수학 잘하는 너!
도대체 비결이
뭐야?

① 정답을 확인한 후 틀린 문제는 ☆표를 쳐 놓으세요~
② 그런 다음 연습장에 틀린 문제를 옮겨 적으세요.
③ 그리고 그 문제들만 한 번 더 풀어 보세요.

시간은 얼마 걸리지 않아요. 그러나 이때 실력이 확 붙는 거예요.
아는 문제를 여러 번 다시 푸는 건 시간 낭비예요.
틀린 문제만 모아서 풀면 아무리 바쁘더라도
이번 학기 수학은 걱정 없어요!

비결은
간단해!

첫째 마당 · 수의 범위와 어림하기

01단계 ▶ 11쪽

① 12, 15에 ◯표
② 20, 22, 30에 ◯표
③ 13, 14, 9에 ◯표
④ 22, 24, 26에 ◯표
⑤ 33, 30에 ◯표
⑥ 34, 38에 ◯표
⑦ 40, 41, 50에 ◯표
⑧ 43, 36, 44.9에 ◯표
⑨ 59.3, 62, 70에 ◯표
⑩ 70.6, 68, 69에 ◯표

01단계 ▶ 12쪽

① 13, 18, 10, 17에 ◯표
② 25, 29, 27, 30에 ◯표
③ 39, 33, 40, 38에 ◯표
④ 36, 35, 38, 41, 49에 ◯표
⑤ 59, 64, 61, 43, 65에 ◯표
⑥ 72, 60.7, 61, 69, 70.3에 ◯표
⑦ 89.8, 90, 72, 79, 70.9에 ◯표

02단계 ▶ 13쪽

① ＋－＋－●＋－＋－＋－＋＋ 5 6 7 8 9 10 11 12 13
② 6 7 8 9 10 11 12 13 14
③ 11 12 13 14 15 16 17 18 19
④ 11 12 13 14 15 16 17 18 19
⑤ 20 21 22 23 24 25 26 27 28
⑥ 20 21 22 23 24 25 26 27 28
⑦ 5 6 7 8 9 10 11 12 13
⑧ 11 12 13 14 15 16 17 18 19
⑨ 20 21 22 23 24 25 26 27 28
⑩ 34 35 36 37 38 39 40 41 42

⑪ 47 48 49 50 51 52 53 54 55

02단계 ▶ 14쪽

① 9
② 11
③ 이상
④ 이하
⑤ 35, 39
⑥ 이상, 이하
⑦ 45 이상 49 이하인 수
⑧ 52 이상 55 이하인 수
⑨ 64 이상 66 이하인 수
⑩ 75 이상 79 이하인 수
⑪ 86 이상 92 이하인 수

03단계 ▶ 15쪽

① 13, 16에 ◯표
② 23, 21에 ◯표
③ 27, 29에 ◯표
④ 30, 38에 ◯표
⑤ 51, 55에 ◯표
⑥ 37.8, 35에 ◯표
⑦ 63, 61.3, 70에 ◯표
⑧ 54, 49, 54.2에 ◯표
⑨ 78, 73.4, 81에 ◯표
⑩ 79, 87.6, 82에 ◯표

03단계 ▶ 16쪽

① 10, 7, 12, 8에 ◯표
② 18, 22, 29, 19에 ◯표
③ 35, 37, 39, 33에 ◯표
④ 58, 47, 62, 51에 ◯표
⑤ 50.4, 66, 56, 68에 ◯표
⑥ 73, 74.5, 69, 60.7에 ◯표
⑦ 81.3, 89, 90.4, 97, 99.9에 ◯표

04단계 ▶ 17쪽

① 6 7 8 9 10 11 12 13 14
② 6 7 8 9 10 11 12 13 14
③ 11 12 13 14 15 16 17 18 19

④ 11 12 13 14 15 16 17 18 19

⑤ 20 21 22 23 24 25 26 27 28

⑥ 20 21 22 23 24 25 26 27 28

⑦ 6 7 8 9 10 11 12 13 14

⑧ 20 21 22 23 24 25 26 27 28

⑨ 34 35 36 37 38 39 40 41 42

⑩ 47 48 49 50 51 52 53 54 55

⑪ 60 61 62 63 64 65 66 67 68

04단계 ▶▶ 18쪽

① 7   ② 16   ③ 초과   ④ 미만

⑤ 22, 25   ⑥ 초과, 미만

⑦ 49 초과 54 미만인 수   ⑧ 52 초과 56 미만인 수

⑨ 63 초과 66 미만인 수   ⑩ 73 초과 78 미만인 수

⑪ 87 초과 91 미만인 수

05단계 ▶▶ 19쪽

① 13, 15, 9, 14에 ○표

② 20, 21, 25, 22에 ○표

③ 42, 46, 33, 45, 35에 ○표

④ 49, 41, 43, 45, 47에 ○표

⑤ 20, 15.3, 22, 15, 18에 ○표

⑥ 45, 42, 46.8, 38, 40, 34.9에 ○표

⑦ 49.2, 51, 48, 52, 59에 ○표

⑧ 79, 84, 89.3, 77, 70.6에 ○표

05단계 ▶▶ 20쪽

① 1, 2, 3, 4, 5   ② 1, 2, 3, 4

③ 2, 3, 4, 5   ④ 2, 3, 4

⑤ 6, 7, 8   ⑥ 13, 14, 15, 16

⑦ 20, 21, 22   ⑧ 21, 22, 23, 24, 25

⑨ 34, 35, 36, 37   ⑩ 41, 42, 43, 44

⑪ 45, 46, 47, 48, 49   ⑫ 58, 59, 60, 61, 62

06단계 ▶▶ 21쪽

① 6 7 8 9 10 11 12 13 14

② 6 7 8 9 10 11 12 13 14

③ 11 12 13 14 15 16 17 18 19

④ 11 12 13 14 15 16 17 18 19

⑤ 23 24 25 26 27 28 29 30 31

⑥ 23 24 25 26 27 28 29 30 31

⑦ 34 35 36 37 38 39 40 41 42

⑧ 34 35 36 37 38 39 40 41 42

⑨ 45 46 47 48 49 50 51 52 53

⑩ 60 61 62 63 64 65 66 67 68

⑪ 72 73 74 75 76 77 78 79 80

⑫ 82 83 84 85 86 87 88 89 90

06단계 ▶▶ 22쪽

① 6, 9   ② 8, 13

③ 초과, 이하   ④ 이상, 미만

⑤ 15 초과 18 이하인 수   ⑥ 24 이상 29 미만인 수

⑦ 35 초과 41 이하인 수   ⑧ 48 이상 51 미만인 수

⑨ 54 이상 59 미만인 수   ⑩ 63 초과 65 이하인 수

⑪ 73 이상 77 미만인 수   ⑫ 82 초과 90 이하인 수

07단계 ▶▶ 23쪽

① 380 / 400

② 2010 / 2100 / 3000

③ 4320 / 4400 / 5000

④ 7650 / 7700 / 8000

⑤ 8130 / 8200 / 9000

07단계 ▶▶ 24쪽

① 530	② 800	③ 2000
④ 2100	⑤ 4130	⑥ 9000
⑦ 3460	⑧ 5100	⑨ 7000
⑩ 9300	⑪ 8000	⑫ 9000

08단계 ▶▶ 25쪽

① 490 / 400

② 1720 / 1700 / 1000

③ 2060 / 2000 / 2000

④ 5820 / 5800 / 5000

⑤ 6790 / 6700 / 6000

08단계 ▶▶ 26쪽

① 450	② 900	③ 1920
④ 3700	⑤ 6000	⑥ 7460
⑦ 2900	⑧ 4000	⑨ 5670
⑩ 7000	⑪ 1500	⑫ 9000

09단계 ▶▶ 27쪽

① 250 / 200

② 1510 / 1500 / 2000

③ 3810 / 3800 / 4000

④ 4370 / 4400 / 4000

⑤ 8390 / 8400 / 8000

09단계 ▶▶ 28쪽

① 180	② 500	③ 1000
④ 2600	⑤ 5000	⑥ 6750
⑦ 3200	⑧ 5000	⑨ 7360
⑩ 9000	⑪ 7000	⑫ 6000

10단계 ▶▶ 29쪽

① 2 / 1.4	② 6 / 5.5
③ 3 / 2.7 / 2.62	④ 5 / 4.6 / 4.58
⑤ 9 / 8.8 / 8.79	

10단계 ▶▶ 30쪽

① 3 / 3.7	② 8 / 8.2
③ 1 / 1.6 / 1.65	④ 3 / 3.1 / 3.18
⑤ 7 / 7 / 7.09	

11단계 ▶▶ 31쪽

① 6 / 5.6	② 7 / 7.4
③ 5 / 4.6 / 4.57	④ 7 / 6.8 / 6.81
⑤ 9 / 9.3 / 9.28	

11단계 ▶▶ 32쪽

① 1990 / 1980 / 1980

② 3700 / 3600 / 3700

③ 9000 / 8000 / 8000

④ 2.5 / 2.4 / 2.4

⑤ 5.76 / 5.75 / 5.76

⑥ 8000 / 7900 / 8000

⑦ 9 / 8.9 / 8.9

12단계 ▶▶ 33쪽

① 2   ② 380

③ 270 / 270   ④ 5 / 500

12단계 ▶▶ 34쪽

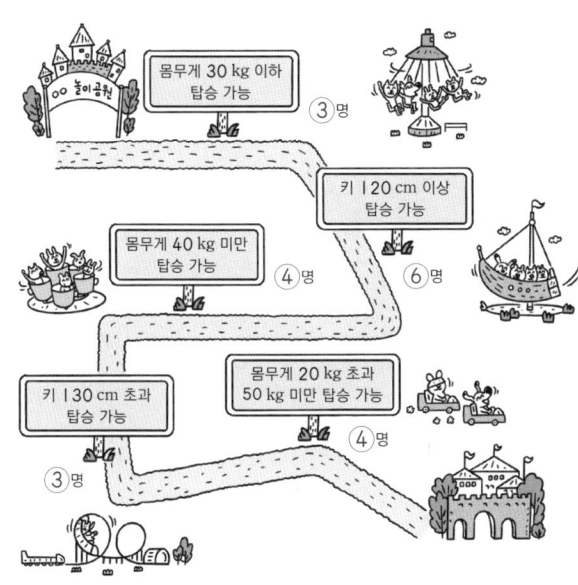

몸무게 30 kg 이하 탑승 가능 ③명

키 120 cm 이상 탑승 가능 ⑥명

몸무게 40 kg 미만 탑승 가능 ④명

키 130 cm 초과 탑승 가능 ③명

몸무게 20 kg 초과 50 kg 미만 탑승 가능 ④명

둘째 마당 · 분수의 곱셈

13단계 ▶▶ 37쪽

① 4   ② 5   ③ $\frac{8}{9}$ ④ $\frac{6}{7}$

⑤ $\frac{10}{11}$ ⑥ $\frac{12}{13}$ ⑦ 8, 2, 2   ⑧ $1\frac{1}{7}$

⑨ $1\frac{7}{8}$ ⑩ $1\frac{7}{9}$ ⑪ $2\frac{1}{10}$ ⑫ $1\frac{13}{14}$

13단계 ▶▶ 38쪽

① $1\frac{1}{3}$ ② $6\frac{3}{4}$ ③ $2\frac{2}{5}$ ④ $3\frac{3}{7}$

⑤ $2\frac{5}{8}$ ⑥ $3\frac{8}{9}$ ⑦ $2\frac{7}{10}$ ⑧ $1\frac{7}{13}$

⑨ $2\frac{2}{15}$ ⑩ $2\frac{1}{16}$ ⑪ $1\frac{13}{17}$ ⑫ $2\frac{14}{23}$

14단계 ▶▶ 39쪽

① 2, 2   ② 1, 3, $1\frac{1}{2}$ ③ 4

④ $3\frac{1}{3}$ ⑤ $2\frac{1}{4}$ ⑥ $1\frac{1}{3}$ ⑦ 15

⑧ $1\frac{4}{5}$ ⑨ 12   ⑩ $4\frac{2}{3}$ ⑪ $4\frac{1}{6}$

⑫ $2\frac{1}{4}$

14단계 ▶▶ 40쪽

① 12   ② $1\frac{3}{4}$ ③ $1\frac{1}{3}$ ④ $1\frac{1}{5}$

⑤ $1\frac{1}{4}$ ⑥ $2\frac{1}{7}$ ⑦ $7\frac{1}{3}$ ⑧ $5\frac{4}{7}$

⑨ $1\frac{2}{3}$ ⑩ $5\frac{1}{3}$ ⑪ $3\frac{3}{8}$ ⑫ $2\frac{1}{4}$

15단계 ▶▶ 41쪽

① 3, 9, $4\frac{1}{2}$ ② $6\frac{2}{3}$ ③ $6\frac{3}{4}$

④ $9\frac{3}{5}$ ⑤ $10\frac{5}{6}$ ⑥ $4\frac{2}{7}$ ⑦ $9\frac{5}{8}$

⑧ $8\frac{8}{9}$ ⑨ $6\frac{3}{10}$ ⑩ $6\frac{4}{11}$ ⑪ $5\frac{5}{12}$

15단계 ▶▶ 42쪽

① $5, 15, 3\frac{3}{4}$　② $4\frac{4}{5}$　③ $9\frac{1}{6}$

④ $11\frac{3}{7}$　⑤ $9\frac{3}{8}$　⑥ $7\frac{5}{9}$　⑦ $9\frac{9}{10}$

⑧ $9\frac{1}{11}$　⑨ $4\frac{4}{13}$　⑩ $3\frac{3}{14}$　⑪ $4\frac{2}{17}$

⑫ $3\frac{3}{19}$

16단계 ▶▶ 43쪽

① $3, 15$　② $3, 27, 13\frac{1}{2}$　③ 44

④ 42　⑤ $19\frac{1}{2}$　⑥ $13\frac{1}{3}$　⑦ 26

⑧ $10\frac{2}{5}$　⑨ $8\frac{1}{3}$　⑩ $15\frac{2}{3}$　⑪ $8\frac{3}{4}$

⑫ $3\frac{5}{6}$

16단계 ▶▶ 44쪽

① 48　② $5\frac{1}{2}$　③ 74　④ $34\frac{1}{2}$

⑤ $7\frac{2}{3}$　⑥ $25\frac{1}{2}$　⑦ 50　⑧ $14\frac{1}{6}$

⑨ $15\frac{1}{5}$　⑩ $6\frac{3}{4}$　⑪ $8\frac{1}{3}$　⑫ $17\frac{1}{5}$

17단계 ▶▶ 45쪽

① 6　② 9　③ $\frac{8}{13}$　④ $\frac{8}{15}$

⑤ $\frac{15}{16}$　⑥ $\frac{14}{25}$　⑦ $10, 3\frac{1}{3}$　⑧ $1\frac{1}{2}$

⑨ $5\frac{1}{4}$　⑩ $2\frac{2}{5}$　⑪ $1\frac{7}{8}$　⑫ $2\frac{11}{12}$

17단계 ▶▶ 46쪽

① $2\frac{1}{4}$　② $1\frac{3}{5}$　③ $1\frac{1}{7}$　④ $4\frac{3}{8}$

⑤ $6\frac{3}{10}$　⑥ $1\frac{5}{11}$　⑦ $1\frac{11}{13}$　⑧ $1\frac{13}{14}$

⑨ $2\frac{3}{16}$　⑩ $1\frac{15}{17}$　⑪ $2\frac{10}{19}$　⑫ $1\frac{13}{20}$

18단계 ▶▶ 47쪽

① $4, 4$　② $5, 15, 7\frac{1}{2}$　③ 8

④ 6　⑤ $6\frac{2}{3}$　⑥ 24　⑦ $3\frac{1}{2}$

⑧ $6\frac{2}{3}$　⑨ $1\frac{4}{5}$　⑩ $9\frac{1}{6}$　⑪ 16

⑫ $12\frac{1}{2}$

18단계 ▶▶ 48쪽

① $1\frac{2}{3}$　② 12　③ $2\frac{1}{3}$　④ $8\frac{2}{5}$

⑤ $3\frac{3}{4}$　⑥ $5\frac{1}{3}$　⑦ $4\frac{3}{8}$　⑧ $5\frac{1}{2}$

⑨ $2\frac{4}{5}$　⑩ $4\frac{1}{2}$　⑪ $13\frac{1}{2}$　⑫ $2\frac{5}{11}$

19단계 ▶▶ 49쪽

① $3, 9, 4\frac{1}{2}$　② $9\frac{1}{3}$　③ $12\frac{1}{4}$

④ $8\frac{2}{5}$　⑤ $9\frac{1}{6}$　⑥ $7\frac{1}{7}$　⑦ $5\frac{5}{8}$

⑧ $8\frac{8}{9}$　⑨ $9\frac{1}{10}$　⑩ $4\frac{6}{11}$　⑪ $4\frac{8}{13}$

⑫ $2\frac{8}{15}$

19단계 ▶▶ 50쪽

① 5, 25, $12\frac{1}{2}$ ② $13\frac{1}{3}$ ③ $15\frac{3}{4}$

④ $8\frac{2}{5}$ ⑤ $9\frac{3}{7}$ ⑥ $6\frac{7}{8}$ ⑦ $8\frac{5}{9}$

⑧ $7\frac{3}{11}$ ⑨ $4\frac{13}{14}$ ⑩ $4\frac{4}{19}$ ⑪ $6\frac{2}{13}$

⑫ $5\frac{15}{17}$

20단계 ▶▶ 51쪽

① 5, 5, 20 ② 3, 21, $10\frac{1}{2}$

③ 34 ④ $8\frac{1}{3}$ ⑤ $7\frac{1}{2}$ ⑥ $4\frac{3}{5}$

⑦ $21\frac{2}{3}$ ⑧ 33 ⑨ $27\frac{1}{3}$ ⑩ $12\frac{1}{2}$

⑪ $25\frac{1}{3}$ ⑫ $12\frac{6}{7}$

20단계 ▶▶ 52쪽

① 14 ② 24 ③ $12\frac{1}{2}$ ④ 39

⑤ $32\frac{1}{2}$ ⑥ $14\frac{2}{3}$ ⑦ $8\frac{1}{2}$ ⑧ $33\frac{1}{3}$

⑨ 34 ⑩ $9\frac{1}{2}$ ⑪ $19\frac{1}{5}$ ⑫ $10\frac{3}{4}$

21단계 ▶▶ 53쪽

① 3, 6 ② 20 ③ $\frac{1}{12}$ ④ $\frac{1}{14}$

⑤ $\frac{1}{15}$ ⑥ $\frac{1}{16}$ ⑦ $\frac{1}{30}$ ⑧ $\frac{1}{56}$

⑨ $\frac{1}{36}$ ⑩ $\frac{1}{72}$ ⑪ $\frac{1}{22}$ ⑫ $\frac{1}{30}$

21단계 ▶▶ 54쪽

① $\frac{1}{8}$ ② $\frac{1}{9}$ ③ $\frac{1}{18}$ ④ $\frac{1}{28}$

⑤ $\frac{1}{25}$ ⑥ $\frac{1}{48}$ ⑦ $\frac{1}{45}$ ⑧ $\frac{1}{54}$

⑨ $\frac{1}{70}$ ⑩ $\frac{1}{88}$ ⑪ $\frac{1}{60}$ ⑫ $\frac{1}{45}$

22단계 ▶▶ 55쪽

① 1, 5 / $\frac{2}{15}$ ② $\frac{3}{28}$ ③ $\frac{6}{25}$

④ $\frac{9}{20}$ ⑤ $\frac{25}{48}$ ⑥ $\frac{16}{35}$ ⑦ $\frac{9}{40}$

⑧ $\frac{12}{49}$ ⑨ $\frac{35}{64}$ ⑩ $\frac{27}{50}$ ⑪ $\frac{10}{63}$

⑫ $\frac{21}{40}$

22단계 ▶▶ 56쪽

① $\frac{4}{21}$ ② $\frac{7}{81}$ ③ $\frac{21}{80}$ ④ $\frac{8}{55}$

⑤ $\frac{27}{70}$ ⑥ $\frac{16}{39}$ ⑦ $\frac{27}{100}$ ⑧ $\frac{35}{72}$

⑨ $\frac{36}{77}$ ⑩ $\frac{27}{56}$ ⑪ $\frac{44}{75}$ ⑫ $\frac{35}{72}$

23단계 ▶▶ 57쪽

① 1, 2 / $\frac{3}{10}$ ② 3, 4 / $\frac{15}{28}$

③ $\frac{7}{15}$ ④ $\frac{3}{8}$ ⑤ $\frac{4}{15}$ ⑥ $\frac{10}{21}$

⑦ $\frac{3}{20}$ ⑧ $\frac{15}{22}$ ⑨ $\frac{4}{35}$ ⑩ $\frac{9}{32}$

⑪ $\frac{10}{33}$ ⑫ $\frac{3}{28}$

23단계 ▶▶ 58쪽

① 2, 3, 6 ② $\frac{1}{8}$ ③ $\frac{1}{28}$ ④ $\frac{2}{5}$

⑤ $\frac{4}{9}$ ⑥ $\frac{3}{8}$ ⑦ $\frac{1}{20}$ ⑧ $\frac{1}{8}$

⑨ $\frac{5}{21}$ ⑩ $\frac{2}{15}$ ⑪ $\frac{3}{10}$

24단계 ▶▶ 59쪽

① 7, $\frac{14}{15}$ ② $\frac{5}{6}$ ③ $\frac{7}{10}$ ④ $\frac{11}{24}$

⑤ $\frac{27}{32}$ ⑥ $1\frac{19}{21}$ ⑦ 7, $\frac{35}{36}$ ⑧ $\frac{20}{21}$

⑨ $\frac{19}{30}$ ⑩ $\frac{55}{72}$ ⑪ $3\frac{3}{8}$ ⑫ $1\frac{9}{35}$

24단계 ▶▶ 60쪽

① $\frac{3}{4}$ ② $2\frac{1}{2}$ ③ $\frac{7}{9}$ ④ $\frac{35}{36}$

⑤ $3\frac{8}{9}$ ⑥ $2\frac{2}{7}$ ⑦ 3 ⑧ $\frac{1}{2}$

⑨ $1\frac{5}{6}$ ⑩ $2\frac{2}{3}$ ⑪ $1\frac{7}{10}$ ⑫ $2\frac{2}{5}$

25단계 ▶▶ 61쪽

① 5, 7, 35, $5\frac{5}{6}$ ② $2\frac{1}{12}$ ③ $6\frac{3}{10}$

④ $2\frac{1}{24}$ ⑤ $1\frac{13}{35}$ ⑥ $2\frac{7}{16}$ ⑦ $3\frac{3}{14}$

⑧ $2\frac{17}{30}$ ⑨ $2\frac{13}{16}$ ⑩ $2\frac{1}{27}$ ⑪ $4\frac{11}{20}$

⑫ $1\frac{23}{40}$

25단계 ▶▶ 62쪽

① $6\frac{1}{8}$ ② $4\frac{4}{9}$ ③ $2\frac{1}{10}$ ④ $7\frac{1}{14}$

⑤ $1\frac{31}{32}$ ⑥ $1\frac{29}{35}$ ⑦ $1\frac{23}{27}$ ⑧ $1\frac{43}{45}$

⑨ $2\frac{19}{40}$ ⑩ $2\frac{25}{28}$ ⑪ $3\frac{5}{24}$ ⑫ $2\frac{1}{60}$

26단계 ▶▶ 63쪽

① 11, $2\frac{3}{4}$ ② $13\frac{1}{3}$ ③ $4\frac{1}{2}$ ④ $4\frac{1}{2}$

⑤ $3\frac{3}{4}$ ⑥ $2\frac{1}{4}$ ⑦ $4\frac{1}{5}$ ⑧ $3\frac{1}{8}$

⑨ $4\frac{1}{3}$ ⑩ $1\frac{10}{11}$ ⑪ $1\frac{7}{9}$ ⑫ $6\frac{7}{8}$

26단계 ▶▶ 64쪽

① $10\frac{1}{2}$ ② $2\frac{1}{5}$ ③ $3\frac{3}{4}$ ④ $5\frac{1}{5}$

⑤ $7\frac{4}{5}$ ⑥ $3\frac{3}{7}$ ⑦ $4\frac{5}{7}$ ⑧ $3\frac{3}{8}$

⑨ $8\frac{2}{3}$ ⑩ $6\frac{4}{5}$ ⑪ $6\frac{2}{9}$ ⑫ $8\frac{4}{9}$

27단계 ▶▶ 65쪽

① 5 ② 24 ③ $1\frac{2}{3}$ ④ $9\frac{1}{2}$

⑤ $2\frac{2}{3}$ ⑥ $4\frac{1}{8}$ ⑦ 3 ⑧ $3\frac{7}{15}$

⑨ $10\frac{1}{2}$ ⑩ 14 ⑪ 4 ⑫ $11\frac{2}{3}$

27단계 ▶▶ 66쪽

① 11 ② 10 ③ 15 ④ 6

⑤ $12\frac{5}{6}$ ⑥ $7\frac{1}{2}$ ⑦ 6 ⑧ $2\frac{1}{2}$

⑨ $6\frac{3}{5}$　　⑩ 15　　⑪ $9\frac{1}{3}$

28단계 ▶▶ 67쪽

① $4, \frac{1}{24}$　② $\frac{1}{60}$　③ $\frac{5}{36}$　④ $\frac{3}{40}$

⑤ $\frac{7}{64}$　⑥ $\frac{4}{105}$　⑦ $1, 2 / \frac{1}{42}$

⑧ $\frac{2}{45}$　⑨ $\frac{1}{48}$　⑩ $\frac{1}{30}$　⑪ $\frac{1}{54}$

⑫ $\frac{1}{28}$

28단계 ▶▶ 68쪽

① $1, 3 / \frac{1}{9}$　② $\frac{1}{10}$　③ $\frac{10}{63}$

④ $\frac{2}{7}$　⑤ $\frac{1}{18}$　⑥ $\frac{1}{15}$　⑦ $\frac{1}{28}$

⑧ $\frac{1}{45}$　⑨ $\frac{1}{15}$　⑩ $\frac{2}{27}$　⑪ $\frac{1}{16}$

29단계 ▶▶ 69쪽

① $\frac{5}{14}$　② $\frac{7}{16}$　③ $\frac{5}{18}$　④ $\frac{1}{12}$

⑤ $\frac{5}{28}$　⑥ $\frac{2}{21}$　⑦ $\frac{5}{28}$　⑧ $\frac{1}{3}$

⑨ $\frac{3}{14}$　⑩ $\frac{1}{9}$　⑪ $\frac{5}{24}$　⑫ $\frac{2}{7}$

29단계 ▶▶ 70쪽

① $\frac{7}{40}$　② $\frac{1}{25}$　③ $\frac{9}{16}$　④ $\frac{1}{5}$

⑤ $\frac{1}{21}$　⑥ $\frac{3}{22}$　⑦ $\frac{12}{25}$　⑧ $\frac{2}{27}$

⑨ $\frac{3}{16}$　⑩ $\frac{5}{99}$　⑪ $\frac{1}{12}$　⑫ $\frac{2}{5}$

30단계 ▶▶ 71쪽

① $5, 5, 1\frac{2}{3}$　② $\frac{9}{10}$　③ $\frac{5}{7}$

④ 1　⑤ $2\frac{1}{4}$　⑥ $1\frac{2}{3}$　⑦ $1\frac{2}{3}$

⑧ $\frac{1}{3}$　⑨ $1\frac{1}{2}$　⑩ $2\frac{2}{5}$　⑪ $1\frac{1}{2}$

⑫ $1\frac{1}{3}$

30단계 ▶▶ 72쪽

① $\frac{1}{3}$　② $1\frac{3}{7}$　③ $1\frac{9}{16}$　④ 7

⑤ 2　⑥ $1\frac{2}{7}$　⑦ 3　⑧ $1\frac{1}{2}$

⑨ 6　⑩ $\frac{24}{35}$　⑪ $\frac{1}{2}$　⑫ 6

31단계 ▶▶ 73쪽

① 1　② $\frac{2}{3}$　③ $\frac{1}{3}$　④ $\frac{1}{4}$

⑤ $\frac{6}{7}$　⑥ $\frac{3}{4}$　⑦ 1　⑧ $\frac{4}{7}$

⑨ $\frac{1}{2}$　⑩ $\frac{3}{11}$　⑪ $1\frac{1}{2}$　⑫ $1\frac{2}{7}$

31단계 ▶▶ 74쪽

① $1\frac{3}{7}$　② $4\frac{1}{2}$　③ $1\frac{7}{8}$　④ $3\frac{1}{2}$

⑤ 9　⑥ $2\frac{1}{4}$　⑦ $1\frac{1}{4}$　⑧ $5\frac{2}{5}$

⑨ 5　⑩ $2\frac{1}{2}$　⑪ $2\frac{7}{9}$　⑫ $1\frac{24}{25}$

32단계 ▶▶ 75쪽

① $6\dfrac{1}{4}$ ② 14 ③ 6 ④ $11\dfrac{1}{3}$

⑤ $\dfrac{3}{5}$ ⑥ $1\dfrac{1}{9}$ ⑦ $2\dfrac{2}{3}$ ⑧ $6\dfrac{1}{4}$

⑨ $\dfrac{5}{12}$ ⑩ $1\dfrac{1}{2}$ ⑪ $\dfrac{2}{15}$ ⑫ $4\dfrac{1}{2}$

32단계 ▶▶ 76쪽

① $6,\ 2\dfrac{1}{2}\left(=\dfrac{5}{2}\right),\ \dfrac{2}{3}$

② $1\dfrac{1}{3}\left(=\dfrac{4}{3}\right),\ 1\dfrac{1}{6}\left(=\dfrac{7}{6}\right),\ \dfrac{1}{4}$

③ $\dfrac{5}{9},\ \dfrac{2}{3},\ 1\dfrac{3}{7}\left(=\dfrac{10}{7}\right)$ ④ 3

33단계 ▶▶ 77쪽

① 10 ② $\dfrac{1}{2}$ ③ 45 ④ 30

33단계 ▶▶ 78쪽

① $\dfrac{4}{9}$ ② $7\dfrac{1}{2}$ ③ 10 ④ $1\dfrac{1}{11}$

셋째 마당 · 소수의 곱셈

34단계 ▶▶ 81쪽

① $7, 7, 56, 5.6$ ② $36, 36, 144, 1.44$

③ $\dfrac{29}{10} \times 5 = \dfrac{29 \times 5}{10} = \dfrac{145}{10} = 14.5$

④ $\dfrac{184}{100} \times 3 = \dfrac{184 \times 3}{100} = \dfrac{552}{100} = 5.52$

⑤ $9 \times \dfrac{6}{10} = \dfrac{9 \times 6}{10} = \dfrac{54}{10} = 5.4$

⑥ $7 \times \dfrac{14}{100} = \dfrac{7 \times 14}{100} = \dfrac{98}{100} = 0.98$

⑦ $8 \times \dfrac{17}{10} = \dfrac{8 \times 17}{10} = \dfrac{136}{10} = 13.6$

⑧ $5 \times \dfrac{329}{100} = \dfrac{5 \times 329}{100} = \dfrac{1645}{100} = 16.45$

34단계 ▶▶ 82쪽

① $9, 5, 45, 0.45$ ② $13, 8, 104, 0.104$

③ $\dfrac{4}{10} \times \dfrac{52}{100} = \dfrac{208}{1000} = 0.208$

④ $\dfrac{75}{100} \times \dfrac{14}{100} = \dfrac{1050}{10000} = 0.105$

⑤ $\dfrac{15}{10} \times \dfrac{23}{10} = \dfrac{345}{100} = 3.45$

⑥ $\dfrac{246}{100} \times \dfrac{35}{10} = \dfrac{8610}{1000} = 8.61$

⑦ $\dfrac{38}{10} \times \dfrac{104}{100} = \dfrac{3952}{1000} = 3.952$

⑧ $\dfrac{508}{100} \times \dfrac{421}{100} = \dfrac{213868}{10000} = 21.3868$

35단계 ▶▶ 83쪽

① 1.2 ② 2 ③ 3.6 ④ 2.4

⑤ 2.4 ⑥ 4.5 ⑦ 6.3 ⑧ 4.8

⑨ 4 ⑩ 7.2 ⑪ 16.2 ⑫ 10.8

35단계 ▶▶ 84쪽

① 0.42 ② 2.72 ③ 3.18 ④ 4.32

⑤ 1.82 ⑥ 4.24 ⑦ 3.25 ⑧ 2.46

⑨ 6.75 ⑩ 5.64 ⑪ 4.9 ⑫ 15.36

36단계 ▶▶ 85쪽

① 4.2 ② 4.5 ③ 9.2 ④ 8.4
⑤ 1.85 ⑥ 2.88 ⑦ 5.84 ⑧ 9.44
⑨ 26.68 ⑩ 27.52 ⑪ 20 ⑫ 51

36단계 ▶▶ 86쪽

① 5.4 ② 7.5 ③ 0.84 ④ 0.72
⑤ 2.64 ⑥ 3.42 ⑦ 2.68 ⑧ 9.28
⑨ 9.01 ⑩ 36 ⑪ 21

37단계 ▶▶ 87쪽

① 3.6 ② 6.8 ③ 11.5 ④ 13.8
⑤ 7.4 ⑥ 41.6 ⑦ 38.4 ⑧ 58.1
⑨ 46.8 ⑩ 61.2 ⑪ 75.6 ⑫ 72.5

37단계 ▶▶ 88쪽

① 5.1 ② 3.78 ③ 7.16
④ 24.68 ⑤ 6.52 ⑥ 14.45
⑦ 31.92 ⑧ 75.44 ⑨ 60.48
⑩ 59.43 ⑪ 59.78 ⑫ 179.75

38단계 ▶▶ 89쪽

① 8.4 ② 30.6 ③ 120.6
④ 241.8 ⑤ 142.4 ⑥ 306.6
⑦ 25.34 ⑧ 21.45 ⑨ 91.46
⑩ 156.24 ⑪ 90 ⑫ 142.82

38단계 ▶▶ 90쪽

① 8.4 ② 11.7 ③ 73.1
④ 240.8 ⑤ 266 ⑥ 14.28

⑦ 14.88 ⑧ 86.88 ⑨ 70
⑩ 315.06 ⑪ 348

39단계 ▶▶ 91쪽

① 2.4 ② 1 ③ 1.8 ④ 2.7
⑤ 3.5 ⑥ 5.6 ⑦ 5.4 ⑧ 4.5
⑨ 10.8 ⑩ 36 ⑪ 50.4 ⑫ 23.8

39단계 ▶▶ 92쪽

① 0.21 ② 0.48 ③ 2.15 ④ 1.56
⑤ 0.48 ⑥ 2.79 ⑦ 1.68 ⑧ 1.56
⑨ 1.92 ⑩ 3.44 ⑪ 2.72 ⑫ 7.82

40단계 ▶▶ 93쪽

① 3.6 ② 7.2 ③ 6.4 ④ 23.1
⑤ 1.74 ⑥ 2.38 ⑦ 5.2 ⑧ 2.88
⑨ 14.72 ⑩ 14.84 ⑪ 11.5 ⑫ 46.02

40단계 ▶▶ 94쪽

① 2.4 ② 6.3 ③ 0.75 ④ 1.47
⑤ 2.56 ⑥ 4.55 ⑦ 2.88 ⑧ 3.04
⑨ 14.26 ⑩ 16.53 ⑪ 24.2 ⑫ 6

41단계 ▶▶ 95쪽

① 2.8 ② 9.5 ③ 7.8 ④ 22.8
⑤ 28.8 ⑥ 44.1 ⑦ 57.6 ⑧ 19
⑨ 47.7 ⑩ 34.4 ⑪ 61.1 ⑫ 86.4

41단계 ▶▶ 96쪽

① 2.14 ② 7.15 ③ 12.84

④ 36.16　　⑤ 11.44　　⑥ 36.96

⑦ 11.28　　⑧ 57.33　　⑨ 27.54

⑩ 59.6　　⑪ 411.57　　⑫ 274.95

42단계 ▶▶ 97쪽

① 31.5　　② 15.2　　③ 91.2

④ 259　　⑤ 122.2　　⑥ 283.5

⑦ 15.18　　⑧ 10.32　　⑨ 91.06

⑩ 89.04　　⑪ 311.4　　⑫ 253.5

42단계 ▶▶ 98쪽

① 3.8　　② 18.6　　③ 88.4

④ 197.6　　⑤ 367.2　　⑥ 10.38

⑦ 31.23　　⑧ 83.07　　⑨ 50

⑩ 180

43단계 ▶▶ 99쪽

① 0.06　　② 0.2　　③ 0.16

④ 0.63　　⑤ 0.035　　⑥ 0.052

⑦ 0.052　　⑧ 0.324　　⑨ 0.096

⑩ 0.136　　⑪ 0.152　　⑫ 0.207

43단계 ▶▶ 100쪽

① 0.0012　　② 0.0014　　③ 0.0027

④ 0.0048　　⑤ 0.0108　　⑥ 0.0224

⑦ 0.0204　　⑧ 0.0414　　⑨ 0.1575

⑩ 0.4416　　⑪ 0.3942　　⑫ 0.3145

44단계 ▶▶ 101쪽

① 0.28　　② 0.54　　③ 0.174

④ 0.174　　⑤ 0.14　　⑥ 0.656

⑦ 0.345　　⑧ 0.2263　　⑨ 0.1482

⑩ 0.1768　　⑪ 0.004　　⑫ 0.6384

44단계 ▶▶ 102쪽

① 0.42　　② 0.058　　③ 0.065

④ 0.14　　⑤ 0.144　　⑥ 0.201

⑦ 0.003　　⑧ 0.0108　　⑨ 0.0162

⑩ 0.057　　⑪ 0.4067

45단계 ▶▶ 103쪽

① 4.32　　② 5.4　　③ 8.28

④ 9.88　　⑤ 12.96　　⑥ 24.96

⑦ 15.34　　⑧ 24.82　　⑨ 21.84

⑩ 49.4　　⑪ 36.54　　⑫ 26.32

45단계 ▶▶ 104쪽

① 3.708　　② 9.135　　③ 8.512

④ 25.137　　⑤ 7.488　　⑥ 24.308

⑦ 19.947　　⑧ 38.448　　⑨ 11.825

⑩ 52.398　　⑪ 7.9474　　⑫ 5.643

46단계 ▶▶ 105쪽

① 9　　② 14.44　　③ 19.76

④ 14.72　　⑤ 8.978　　⑥ 122.55

⑦ 10.626　　⑧ 209.96　　⑨ 45.318

⑩ 455.52　　⑪ 6.5835　　⑫ 140.044

46단계 ▶▶ 106쪽

① 21.42　　② 18.27　　③ 24.44

④ 16.92　　⑤ 24.346　　⑥ 166.32

⑦ 12.35　　⑧ 606.05　　⑨ 872.34

⑩ 832.05   ⑪ 50.004   ⑫ 30.227

47단계 ▶▶ 107쪽

① 13.63   ② 52.64   ③ 13.572

④ 28.575   ⑤ 20.414   ⑥ 28.188

⑦ 24.91   ⑧ 28.944   ⑨ 10.7338

⑩ 37.6362   ⑪ 51.15   ⑫ 21.279

47단계 ▶▶ 108쪽

① 1.8   ② 8.99   ③ 38.48

④ 31.2   ⑤ 7.584   ⑥ 24.432

⑦ 10.956   ⑧ 19.215   ⑨ 77.28

⑩ 8.1

48단계 ▶▶ 109쪽

① 29.6   ② 23.92   ③ 211.7

④ 14.44   ⑤ 5.58   ⑥ 20.4

⑦ 254.6   ⑧ 57.61   ⑨ 0.2408

⑩ 59.52   ⑪ 18.625   ⑫ 15.2388

48단계 ▶▶ 110쪽

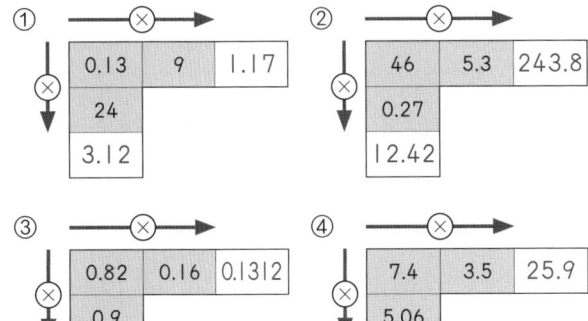

⑤

	3.18	4.2	13.356
	1.25		
	3.975		

49단계 ▶▶ 111쪽

① 27.4, 274, 2740

② 8.13, 81.3, 813

③ 64.05, 640.5, 6405

④ 71.59, 715.9, 7159

⑤ 52.3, 523, 5230

⑥ 10.07, 100.7, 1007

⑦ 48.56, 485.6, 4856

⑧ 90.74, 907.4, 9074

49단계 ▶▶ 112쪽

① 8.6, 0.86, 0.086

② 35, 3.5, 0.35

③ 187.4, 18.74, 1.874

④ 930.2, 93.02, 9.302

⑤ 4.5, 0.45, 0.045

⑥ 12.9, 1.29, 0.129

⑦ 57, 5.7, 0.57

⑧ 625.8, 62.58, 6.258

50단계 ▶▶ 113쪽

① 378, 3780   ② 498, 4980

③ 1247, 12470   ④ 711.2, 7112

⑤ 7.52, 0.752   ⑥ 6.08, 0.608

⑦ 36.92, 3.692   ⑧ 30.24, 3.024

50단계 ▶▶ 114쪽

① 2520, 2.52   ② 47.7, 0.477

③ 975, 0.975   ④ 12470, 12.47

⑤ 72, 0.72   ⑥ 9450, 9.45

⑦ 1124.2, 11.242   ⑧ 10878, 1.0878

51단계 ▶▶ 115쪽

① 3.36, 0.336, 0.0336

② 1.8, 0.18, 0.018

③ 7.42, 0.742, 0.0742

④ 9.88, 0.988, 0.0988

⑤ 15.68, 1.568, 0.1568

⑥ 17.1, 1.71, 0.171

51단계 ▶▶ 116쪽

① 9.62, 0.962, 0.0962

② 10.88, 1.088, 0.1088

③ 15.95, 1.595, 0.1595

④ 3.984, 39.84, 0.3984

⑤ 1.664, 0.1664, 0.1664

⑥ 26.32, 0.2632, 2.632

52단계 ▶▶ 117쪽

① 10.36   ② 65.1   ③ 0.52

④ 54.2, 542, 5420

52단계 ▶▶ 118쪽

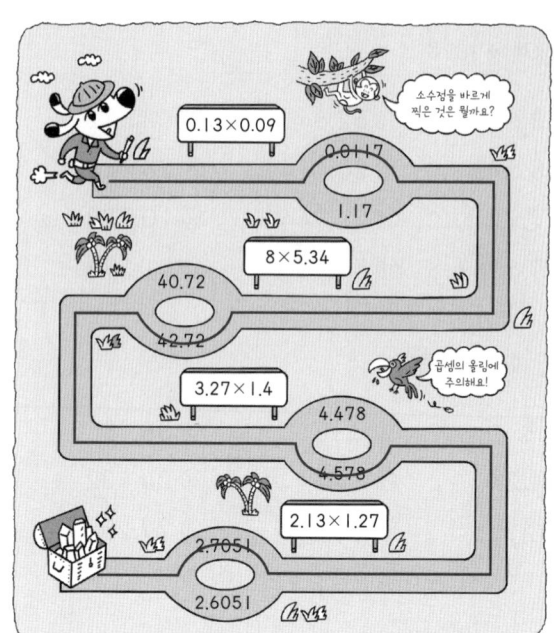

넷째 마당 · 평균

53단계 ▶▶ 121쪽

① 24, 3, 8   ② 28, 4, 7

③ 33, 3, 11   ④ 48, 4, 12

⑤ 30, 5, 6   ⑥ 16

⑦ 9   ⑧ 21   ⑨ 18   ⑩ 23

53단계 ▶▶ 122쪽

① 19   ② 8   ③ 6   ④ 11

⑤ 27   ⑥ 6   ⑦ 26   ⑧ 20

54단계 ▶▶123쪽

① 6명　② 10초　③ 9권　④ 8개
⑤ 80점　⑥ 40kg　⑦ 46분　⑧ 80번

54단계 ▶▶124쪽

① 17초　② 9℃　③ 38분　④ 20초
⑤ 35회　⑥ 28명　⑦ 51번　⑧ 84점

55단계 ▶▶125쪽

① 8　② 5　③ 8　④ 6　⑤ 19
⑥ 21　⑦ 18　⑧ 2　⑨ 11　⑩ 22

55단계 ▶▶126쪽

① 45　② 29　③ 28　④ 49　⑤ 37
⑥ 18　⑦ 16　⑧ 27　⑨ 34　⑩ 73

56단계 ▶▶127쪽

① 5　② 57　③ 85　④ 7　⑤ 18

56단계 ▶▶128쪽

① 6　② 30　③ 95　④ 42　⑤ 68

57단계 ▶▶129쪽

① 80　② 26　③ 5　④ 40

57단계 ▶▶130쪽

제기차기 기록

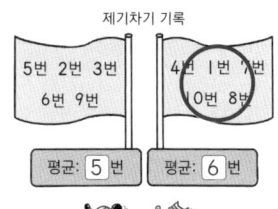

5번 2번 3번 6번 9번 평균: 5 번

4번 1번 7번 0번 8번 평균: 6 번

콩 주머니 던지기 기록

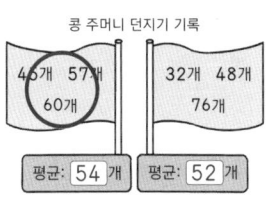

45개 57개 60개 평균: 54 개

32개 48개 76개 평균: 52 개

단체 줄넘기 기록

34번 17번 13번 36번 평균: 25 번

28번 3번 22번 27번 평균: 27 번

바빠 시리즈 초·중등 수학 교재 한눈에 보기

유아~취학 전	1학년	2학년	3학년

7살 첫 수학

초등 입학 준비 첫 수학

초등 교과서 책임교수 강력 추천!

① 100까지의 수
② 20까지 수의 덧셈 뺄셈
③ 100까지 수의 덧셈 뺄셈
★ 시계와 달력
★ 동전과 지폐 세기
★ 길이와 무게 재기

바빠 교과서 연산 | 학교 진도 맞춤 연산

▶ 가장 쉬운 교과 연계용 수학책
▶ 수학 학원 원장님들의 연산 꿀팁 수록!
▶ 한 학기에 필요한 연산만 모아 계산 속도가 빨라진다.

1~6학년 학기별 각 1권 | 전 12권

나 혼자 푼다! 바빠 수학 문장제 | 학교 시험 문장제, 서술형 완벽 대비

▶ 빈칸을 채우면 풀이와 답 완성!
▶ 교과서 대표 유형 집중 훈련
▶ 대화식 도움말이 담겨 있어, 혼자 공부하기 좋은 책

1~6학년 학기별 각 1권 | 전 12권

베스트셀러

구구단, 시계와 시간 · · · · · · 길이와 시간 계산, 곱

바빠 연산법 | 10일에 완성하는 영역별 연산 총정리

▶ 결손 보강용 영역별 연산 책
▶ 취약한 연산만 집중 훈련
▶ 시간이 절약되는 똑똑한 훈련법!

예비초~6학년 영역별 | 전 26권

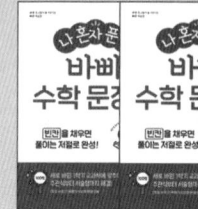

바쁜 친구들이 즐거워지는
빠른 학습법!

덜 공부해도
더 빨라져요!

4학년	5학년	6학년	중학생

바빠 중학연산

1학기 수학 기초 완성

1~3학년
각 2권
(전 6권)

*교과서 순서와 똑같아 공부하기 좋아요!

바빠 중학도형

2학기 수학 기초 완성

1~3학년
각 1권
(전 3권)

학년별 인기 도서

셈, 분수, 소수, 방정식 | 약수와 배수, 분수, 소수 | 비와 비례, 방정식

바빠 중학수학 총정리

고등수학에서 필요한 것만 콕!

수학 총정리
BEST 1위

중학
3개년
총정리
(전 1권)

※ '바빠 초등 수학 총정리'와 '바빠 중학 일차방정식', '바빠 중학 일차함수', '바빠 중학도형 총정리'도 있어요!

MEMO